Geheimnisse mikrobiologisch entdeckt

Experimentier-und Arbeitsbuch
von
Jürgen Weissing

Kurs Biologie

Ernst Klett Schulbuchverlag

1. Auflage 1 5 4 3 2 1 | 1994 93 92 91

Alle Drucke dieser Auflage können im Unterricht nebeneinander benutzt werden, sie sind untereinander unverändert. Die letzte Zahl bezeichnet das Jahr dieses Druckes.

Satz: paetec Gesellschaft für Bildung und Technik mbH, Berlin
Druck: Nationales Druckhaus GmbH, Berlin

ISBN 3-12-993670-X

Jürgen Weissing

Liebe Schülerinnen und Schüler,

ihr habt den Kurs Biologie gewählt. In diesem Kurs werdet ihr eine Entdeckungsreise in die Mikrobiologie unternehmen und dabei selbst viele biologische Geheimnisse in Schülerexperimenten aufspüren.

Euer Experimentier-und Arbeitsbuch ist unter der Mitwirkung vieler Biologen entstanden. Genauso wichtig aber war mir die Mitarbeit meiner Schülerinnen und Schüler, die bei der Vorbesprechung der Versuche "Ist das verständlich?" sowie bei der Durchführung im Unterricht oft das letzte Wort hatten. Wir haben zusammen dieses Buch erprobt. Jetzt ist es fertig. Endlich!

Wir wünschen euch viel Erstaunen, Freude und Spaß!
Für alle, die mitgearbeitet haben:

Euer

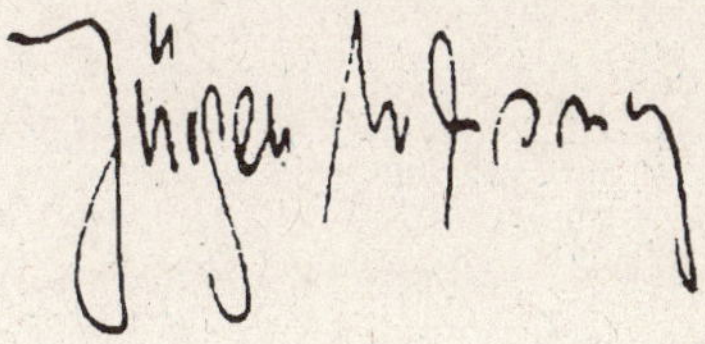

Für die wissenschaftliche Beratung und Unterstützung bedanke ich mich herzlich bei:

Herrn Dr. Andreas Andresen, Mikrobiologe
Frau Dr. Barbara Lehnberg, Mikrobiologin
Herr Rainer Bosse, Realschullehrer
Frau Margaretha Bischop-Lotz, chem. techn. Assistentin
Frau Renate Borrink, med. techn. Assistentin
Frau Gudrun Busch, pharm. techn. Assistentin
Herrn Hans-Joachim Clausnitzer, Fachseminarleiter Biologie
Frau Julia Feldhaus, biolog. techn. Assistentin
Herrn Peter Meise, Realschullehrer
Herrn Dipl.-Ing. Reinhold Müller, Milchwissenschaftler
Herrn Bernd Thomas, Augenarzt
Herrn Udo Tiemann, Seminar-Rektor
Herrn Hans Voigt, Schulassistent

sowie

den Schülerinnen und Schülern der Realschulen im Schulzentrum Deegfeld in Nordhorn und in Schüttorf, besonders bei Bianca Gosing, Bianca Rakers, Silke Wieking und Christian Hill

und

der Redaktion Naturwissenschaften im Ernst Klett Schulbuchverlag.

Inhaltsverzeichnis

Seite

Mikrobiologie - Was ist das?

In den Naturwissenschaften gibt es viele Dinge zu erklären. Erklärung heißt auf lateinisch "Definition". Dieses Wort kürzt man zur Vereinfachung mit dem Kürzel "Def." ab. Vor Begriffen, die erklärt werden sollen, finden wir deshalb oft dieses Kürzel. Def. bedeutet: "Was versteht man unter...?"

Ein Beispiel
Def. Chemie bedeutet: "Was versteht man unter Chemie?"

Heute wollen wir einige Begriffe aus der Mikrobiologie erklären.

Versuche zusammen mit deinem Nachbarn, die folgenden Begriffe zunächst auf einem Zettel zu erklären. Danach wollen wir sie gemeinsam besprechen und sie in unser Arbeitsbuch eintragen. Falls du das Thema zu Hause bearbeitest, nimm ein Lexikon oder dein Biologiebuch zu Hilfe!

Def. Biologie: bios (griech.) = ______ logos (griech.) = ______

Biologie: ______

Lebewesen sind: ______

Def. Mikrobiologie: mikro (griech.) = ______

Mikrobiologie: ______

Def. Mikroskop: skopein (griech.) = ______

Mikroskop: ______

______

Def. Mikroorganismen: ______

______

Zu den Mikroorganismen gehören: Vergleicht auf Seite 78: (Größenverhältnisse Mikroorganismen)

1. ______

2. ______

3. ______

4. ______

5. ______

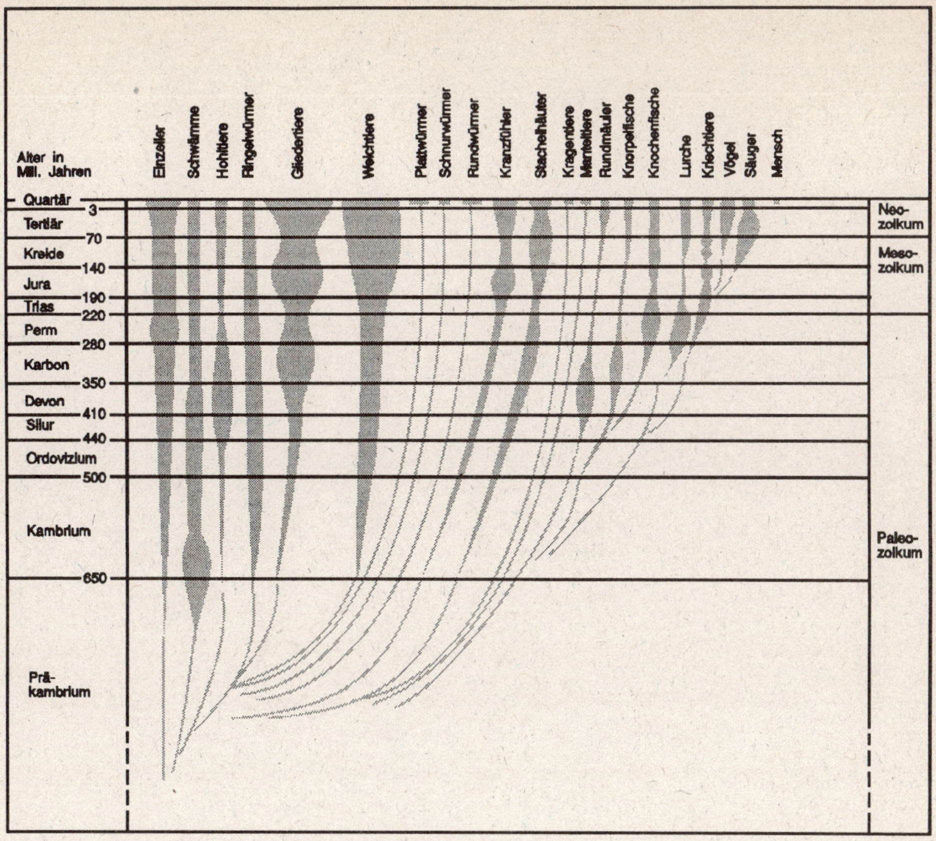

Tabelle: Die Entwicklung der Lebewesen

Betrachte die Abbildung, versuche mit ihrer Hilfe, die unten stehenden Fragen zu beantworten!

1. Welches waren die ersten Lebewesen auf der Erde?

____

2. Seit wann gibt es Mikroorganismen, seit wann Menschen?

____

3. Zu welchen Lebewesen gehören die Mikroorganismen?

____

Führt ein Unterrichtsgespräch und notiert die Ergebnisse!

Welche Bedeutung hat die Mikrobiologie für unser tägliches Leben?

____

____

____

Aufgabe:

Nenne Berufe, für die mikrobiologische Kenntnisse benötigt werden!

____

Unsere Arbeitsgeräte in der Mikrobiologie

Aufgabe: (Gruppenarbeit zu zweit)

Beschriftet mit Bleistift die Arbeitsmaterialien, die euch schon bekannt sind. - Vielleicht zeigt euch euer Lehrer auch einige Materalien!

1
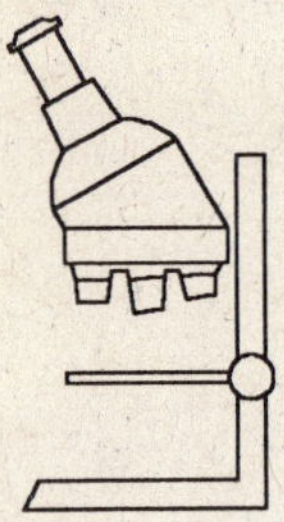

2
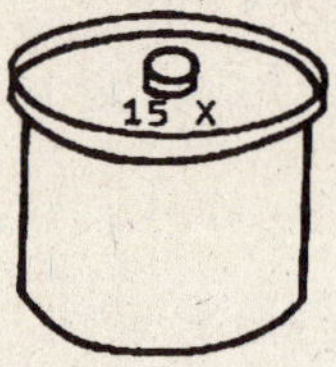

3
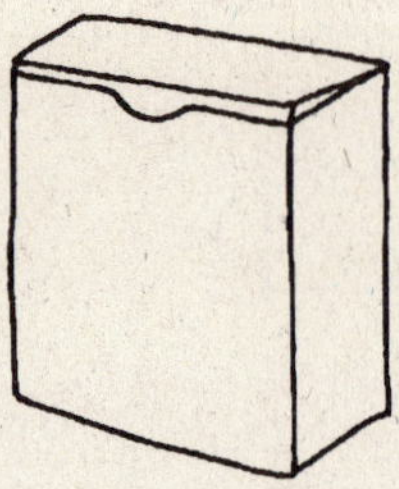

4
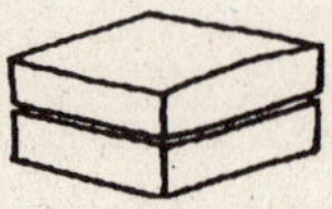

5

6
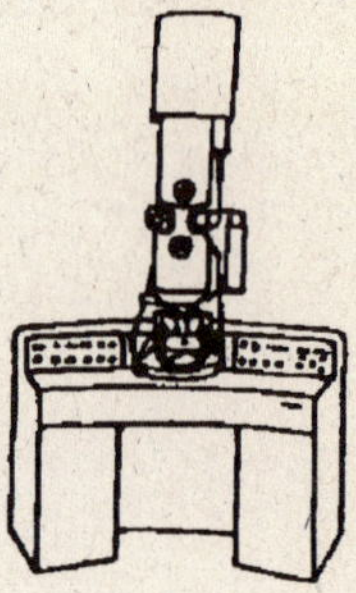

7
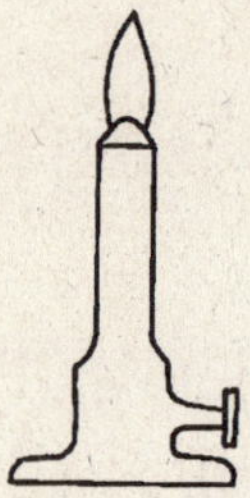

8
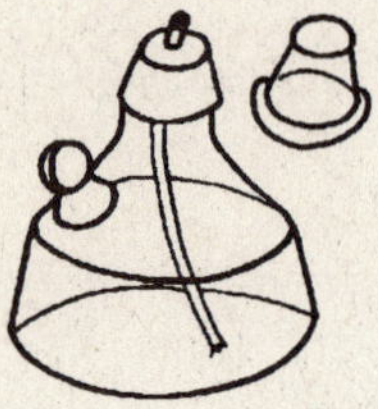

9

10
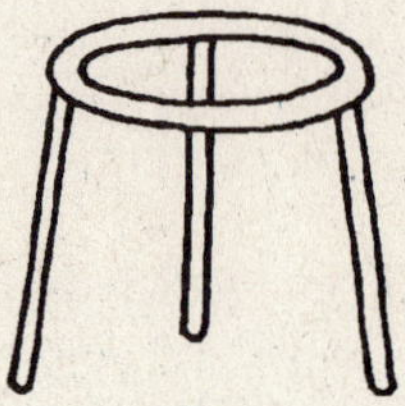

11

12
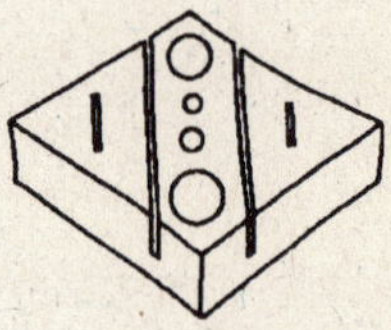

13

14

15

16

17
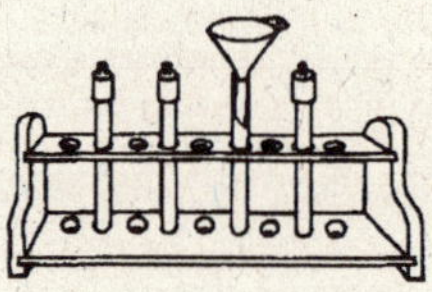

18

19
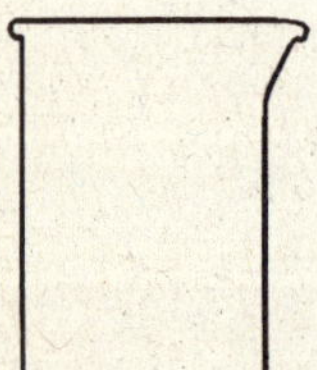

20

21
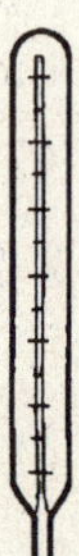

22

23
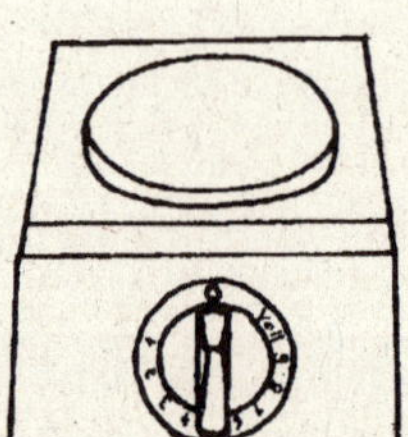

24
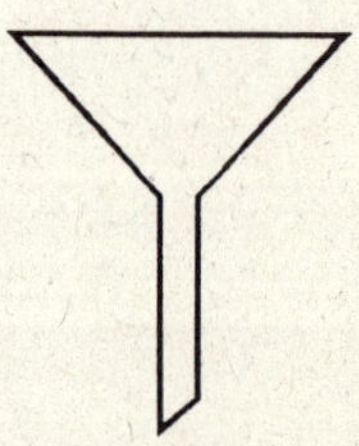

25

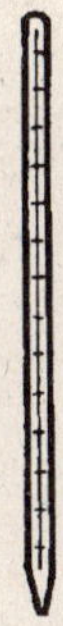

26

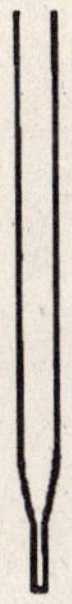

27

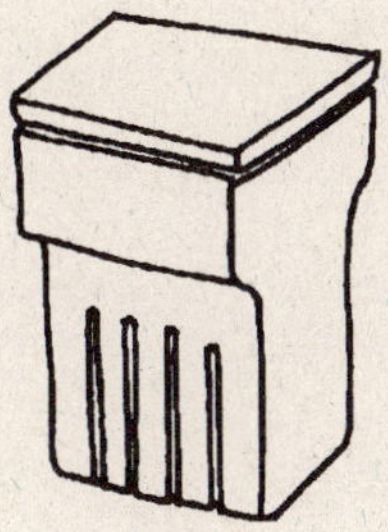

28

29

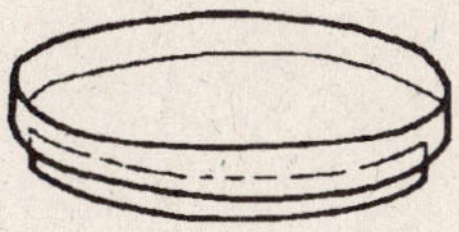

30

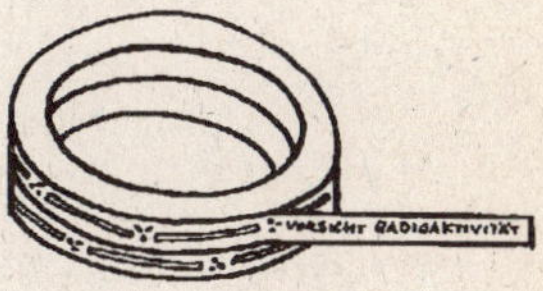

31

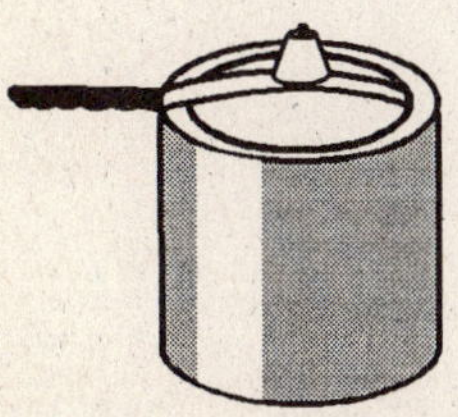

32

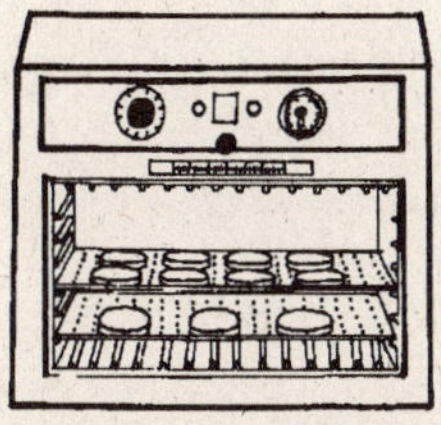

33

34

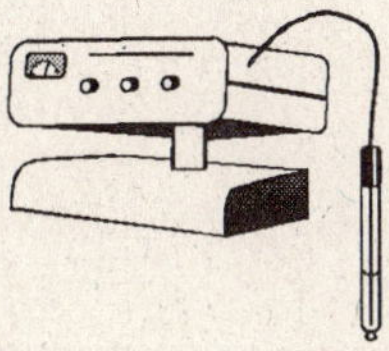

35

36

37

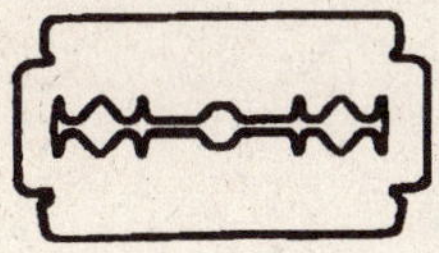

38

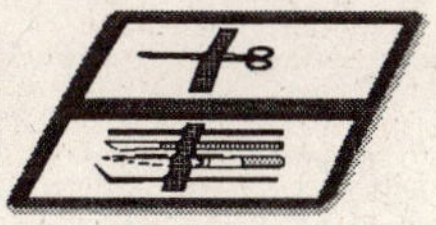

39

40

41

42

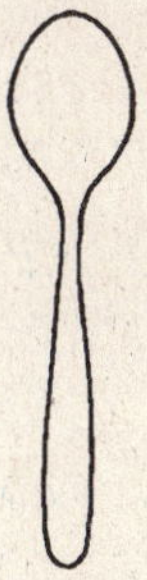

43

44

45

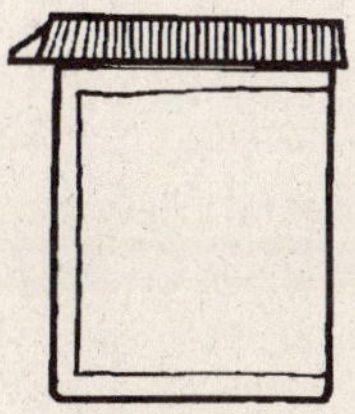

46

47

48

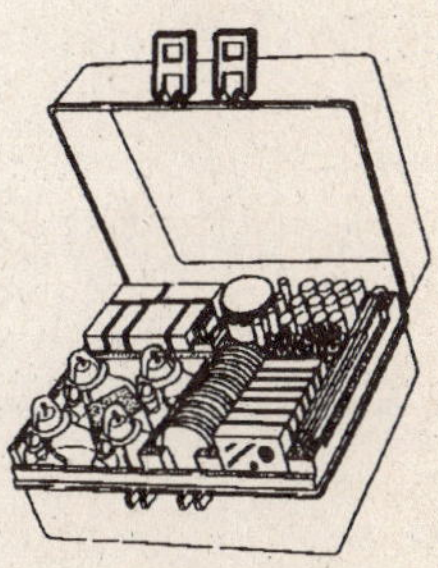

Tips für unseren Arbeitsplatz und Sicherheitsvorkehrungen

Unsere Grundausstattung

Heißluftsterilisator (oder Dampftopf)	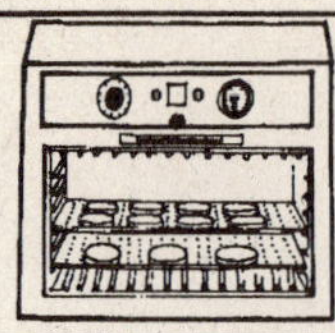 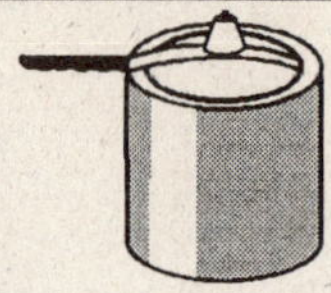	Zum Sterilisieren und Bebrüten
Heizplatte		Zum Erhitzen von Lösungen
Bechergläser Reagenzgläser Reagenzglasständer	  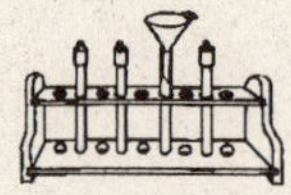	Zum Zubereiten und Verflüssigen von Nährböden
Mikroskop		Zum Mikroskopieren
Kühlschrank	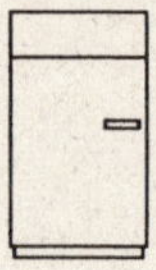	Zum Lagern von Nährböden, Platten

Sterilisation von Geräten

I. Glasgeräte Petrischalen (geschlossen sterilisieren) Pipetten (in Papier verpackt sterilisieren) Kolben (Öffnungen vor dem Sterilisieren mit Alufolie abdecken) Reagenzgläser (mit Alukappe sterilisieren)	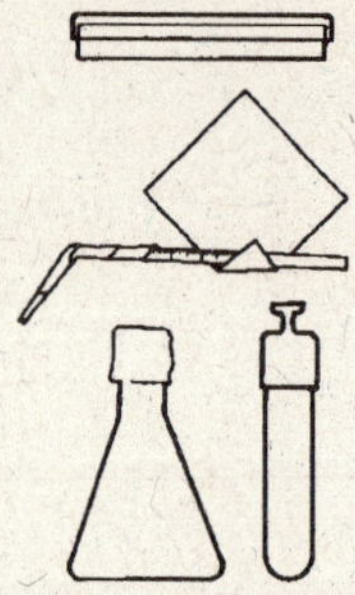	*alle Teile* mind. 30 Minuten bei 180° C im Heißluftsterilisator *oder*: mind. 20 Minuten bei 121° C im Dampftopf bei 2 bar
II. Metallgeräte Impfösen	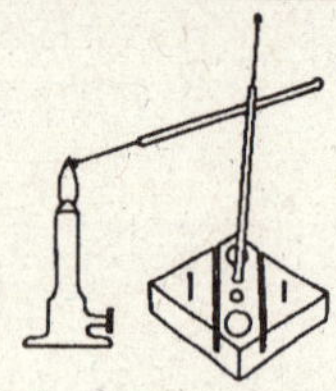	Ausglühen, danach im Stativ abstellen
III. Schöpfgeräte aus Metall und Spatel		In Alkohol, z.B. 70%iges Propanol, eintauchen und dann abflammen
IV. Nährböden Abgefüllt in sterile Reagenzgläser und mit Alukappe abgedeckt, danach wird sterilisiert.	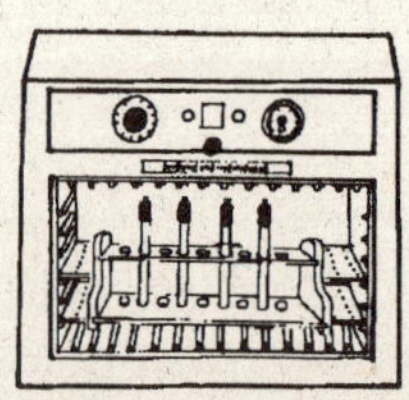	mind. 1 Stunde bei 120° C im Heißluftsterilisator *besser*: 20 Minuten bei 121° C im Dampftopf bei 2 bar

Abfüllung und Aufbewahrung von Nährböden

Zubereitete, noch flüssige Nährböden füllt man in 10 ml Menge in Reagenzgläser und verschließt sie mit Alukappen. Nach dem Sterilisieren erfolgt die Aufbewahrung im Kühlschrank.

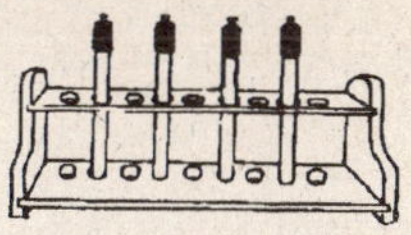

Umgang mit Petriplatten

I. Beschriftung von Petriplatten
Am besten Randdeckel beschriften. Vorsicht! Beim Anfassen die Schrift nicht verwischen!

II. Sicherheitserlaß beachten
Die bebrüteten Petriplatten dürfen während des Unterrichts nicht geöffnet werden: INFEKTIONSGEFAHR !

III. Entsorgung von Glas- Petriplatten

mind. 30 Minuten bei 180° C

Unser Verhalten am Arbeitsplatz

1. Während der Arbeit mit Mikroorganismen niemals essen oder trinken.
2. Nach dem Arbeiten mit Mikroorganismen gründlich die Hände waschen.
3. Keimhaltige Lösungen niemals mit dem Mund pipettieren.
4. Experimente mit krankheitserregenden Mikroorganismen und fäkalen Abwässern sind verboten.
5. Petrischalen mit Mikroorganismen geschlossen halten (Tesakrepp).
6. Mikroorganismen sind vor ihrer Vernichtung zu sterilisieren.
7. Die Tischplatte ist nach Verunreinigungen durch Mikroorganismen mit einem Desinfektionsmittel zu desinfizieren.
8. Dieses Hinweisschild ist genau zu beachten:  "Biogefährdend"

Fragen (Bearbeitung in 2-er Gruppe)

1. Mikrobiologisches Arbeitsmaterial wird vor Gebrauch sterilisiert. Warum?

____

2. Warum werden Glasgeräteöffnungen während des Sterilisierens abgedeckt?

____

3. Am mikrobiologischen Arbeitsplatz nicht essen und trinken! Begründet!

____

____

4. Warum darf man keimhaltige Lösungen nie mit dem Mund pipettieren?

____

5. Warum beschriftet man Petriplatten am besten am Randdeckel?

____

6. Lebende Mikroorganismen tötet man vor der Vernichtung ab. Warum?

____

Das Mikroskop - Wie funktioniert es ?

Zu eurer Information:

Die Leistung unseres Sehvermögens ist begrenzt.Mit dem bloßen Auge erkennen wir gerade noch solche Gegenstände, die nicht kleiner als 0,1 mm sind.
Auf der Erde existieren aber viele Dinge und kleinste Lebewesen, die sehr viel kleiner sind. Die Größe einer Pflanzenzelle z.B. liegt zwischen 0,1 mm und 0,001 mm. Mikroorganismen besitzen eine Größe von 0,003 mm. Damit du dir die Größe einer Bakterie ungefähr vorstellen kannst : Etwa 10 000 Bakterien haben Platz auf dem Punkt am Ende dieses Satzes. Erst mit der Erfindung und dem Bau des ersten Mikroskopes im 17. Jahrhundert konnte man die für unser Auge bis dahin unsichtbare Welt entdecken.
Die mechanische und optische Beschaffenheit der Mikroskope wurde seit dieser Zeit fortlaufend verbessert. Heute können wir mit dem LICHTMIKROSKOP Gegenstände von einer Größe bis 0,0001 mm betrachten. Seit der Entwicklung des ELEKTRONENMIKROSKOPS können wir nun auch noch kleinere Gegenstände betrachten.

Erarbeite den Aufbau des Mikroskops und seine Bedienung.

Arbeitsmaterialien:

Mikroskop Okular Dauerpräparat Bleistift Schülerarbeitstisch mit Steckdose

Erarbeite:

I. Mikroskop-Aufbau und Funktion der einzelnen Teile

Mikroskop-Aufbau	Teile	Funktion der einzelnen Bauteile
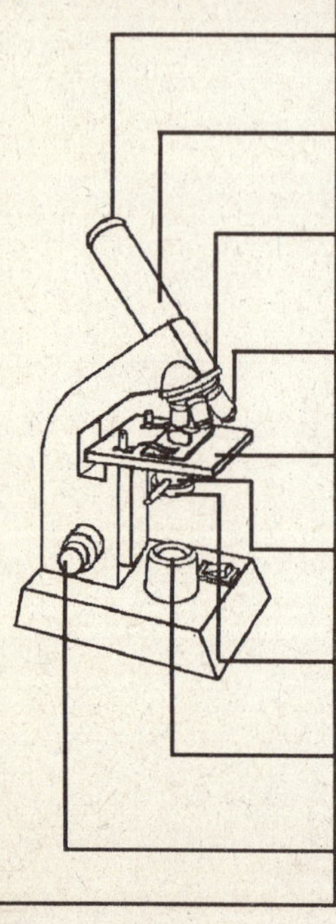		

II. Arbeitsweise und Handhabung des Mikroskops

A. Die Scharfeinstellung: 1. Setze das Okular ein. 2. Schließe den Stecker an, schalte die Beleuchtung ein. 3. Stelle am Revolver das kleinste Objektiv ein. 4. Fahre den Objekttisch mittels Grobtrieb ganz nach unten. 5. Spanne den Objektträger mit dem Dauerpräparat so auf dem Objekttisch ein, daß das Untersuchungsmaterial direkt über dem Sehloch liegt. 6. Fahre den Objekttisch mit dem Objektträger mittels Grobtrieb nun nach *oben*. *Vorsicht!*: Wenn man nicht aufpaßt, kann das Objekt das Objektiv berühren. Dabei besteht die Gefahr des Glasbruchs beim Objektträger sowie der Zerstörung und Beschmutzung der Linse des Objektivs. 7. Schaue durch das Okular und drehe am *Grobtrieb*, bis du das Untersuchungsmaterial erkennen kannst. 8. Stelle mit dem *Feintrieb* das Bild scharf ein. 9. Stelle ein kontrastreiches Bild mit der *Kondensorblende* ein.
B. Änderung der Vergrößerung: 1. Beobachte von außen! Bei einem Objektiv-Wechsel am Revolver dürfen sich Objektiv und Objektträger *nicht berühren*. 2. Falls du erkennst, daß das neue Objektiv bei einem Wechsel den Objektträger berührt, drehe so am Grobtrieb, daß das neue Objektiv gut in den Revolver eingedreht werden kann. 3. Stelle nun mittels Feintrieb dein Bild scharf ein.
C. Gebrauch der Öl-Immersionslinse: 1. Bringe einen Öltropfen (Zedernöl) auf das Deckglas. 2. Tauche die "97 x" - Linse *vorsichtig* in den Öltropfen ein. 3. Mikroskopiere. 4. Entferne das Öl von der Objektivlinse mit einem Xylol-getränkten Tuch. 5. Trockne mit einem anderen Tuch die Linse ab.
D. Abräumen: 1. Stelle am Revolver das kleinste Objektiv ein. 2. Drehe den Objekttisch ganz nach unten, entferne den Objektträger. 3. Schalte die Beleuchtung aus, ziehe den Stecker heraus und wickle das Kabel auf. 4. Fahre die Objekttisch-Wagen ein. 5. Stülpe die Abdeckhaube über.

Fragen:

1. Wozu dient das Mikroskop?

____

____

2. Erkläre mündlich:
   a) wie du am Mikroskop ein scharfes Bild einstellst,
   b) wie du eine andere Vergrößerung einstellst, mit welcher du beginnst und warum?

3. Wozu dient die Kondensor-Linse?

____

4. Welche Täuschung verursachen verschmutzte Okulare ? Wie könnte man diese Verschmutzung feststellen?

____

____

Wir lernen, eine mikroskopische Zeichnung zu erstellen.

Vielleicht erinnerst du dich ?

Leeuwenhoek	Originaltext	Erste Zeichnungen
	"Ich sah zu meiner größten Verwunderung, daß in der beschriebenen Materie einige sehr kleine Tierchen waren, die sich sehr hübsch hin und her bewegten. Die größte Art hat die Gestalt von Fig. A. Diese Art zeigte eine sehr geradlinige und rasche Bewegung und schoß durch das Wasser (oder durch den Speichel) wie ein Hecht durch das Wasser schießt. Sie war meist in geringer Zahl vorhanden. Die zweite Art hat die Gestalt von Fig. B. Diese wirbelten oftmals herum wie ein Kreisel, dann und wann bewegten sie sich auf einer Linie, wie diese zwischen C und D gezeichnet ist: und diese waren zahlreicher. Der dritten Art konnte ich keine bestimmte Gestalt zuweisen; einmal scheinen sie länglich zu sein, während sie sogleich darauf vollkommen rund aussahen. Diese waren so klein, daß ich sie nicht größer sehen konnte als Fig. E zeigt; sie bewegten sich so behende und ihr Schweben war so gleichförmig, daß man glauben möchte, es wäre ein großer Schwarm von Mücken oder Fliegen..."	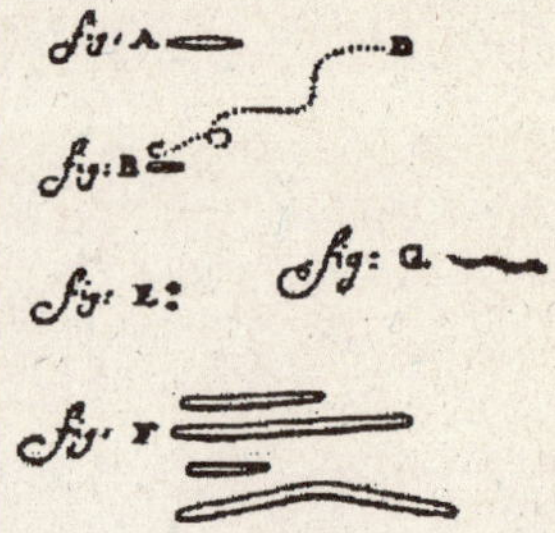

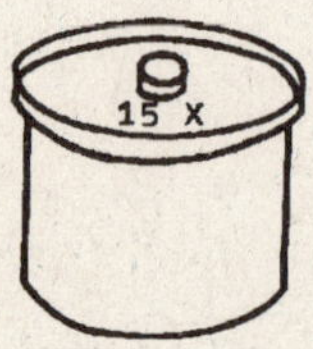

Wir berechnen die mikroskopische Vergrößerung und erstellen ein Formblatt mit Maßstab für unsere mikroskopische Auswertung.

Wir führen ein Unterrichtsgespräch.

1. Was verstehst du unter den Begriffen "Vergrößerung" und "Maßstab" ?

   Vergrößerung:

   Maßstab:

2. Nenne die Teile des Mikroskops, die das vergrößerte Bild bewirken!

3. Wir berechnen die mikroskopische Gesamtvergrößerung:

4. Wir legen den Maßstab einer mikroskopischen Zeichnung fest:

Berechne selbst:

Okularvergrößerung	Objektivvergrößerung	Gesamtvergrößerung des Mikroskops	Maßstab der Zeichnung
5	10		
10		400	
	10		100 : 1
15	40		600 : 1

Unterrichtsgespräch und gleichzeitige Ausführung

Wir überlegen, wie ein übersichtliches Arbeitsblatt für unsere mikroskpischen Untersuchungen und deren Auswertungen aussehen soll.

Arbeitsmaterialien:

Petriunterschalen Bleistift Lineal

Unser mikroskopisches Auswertungsblatt (Musterblatt):

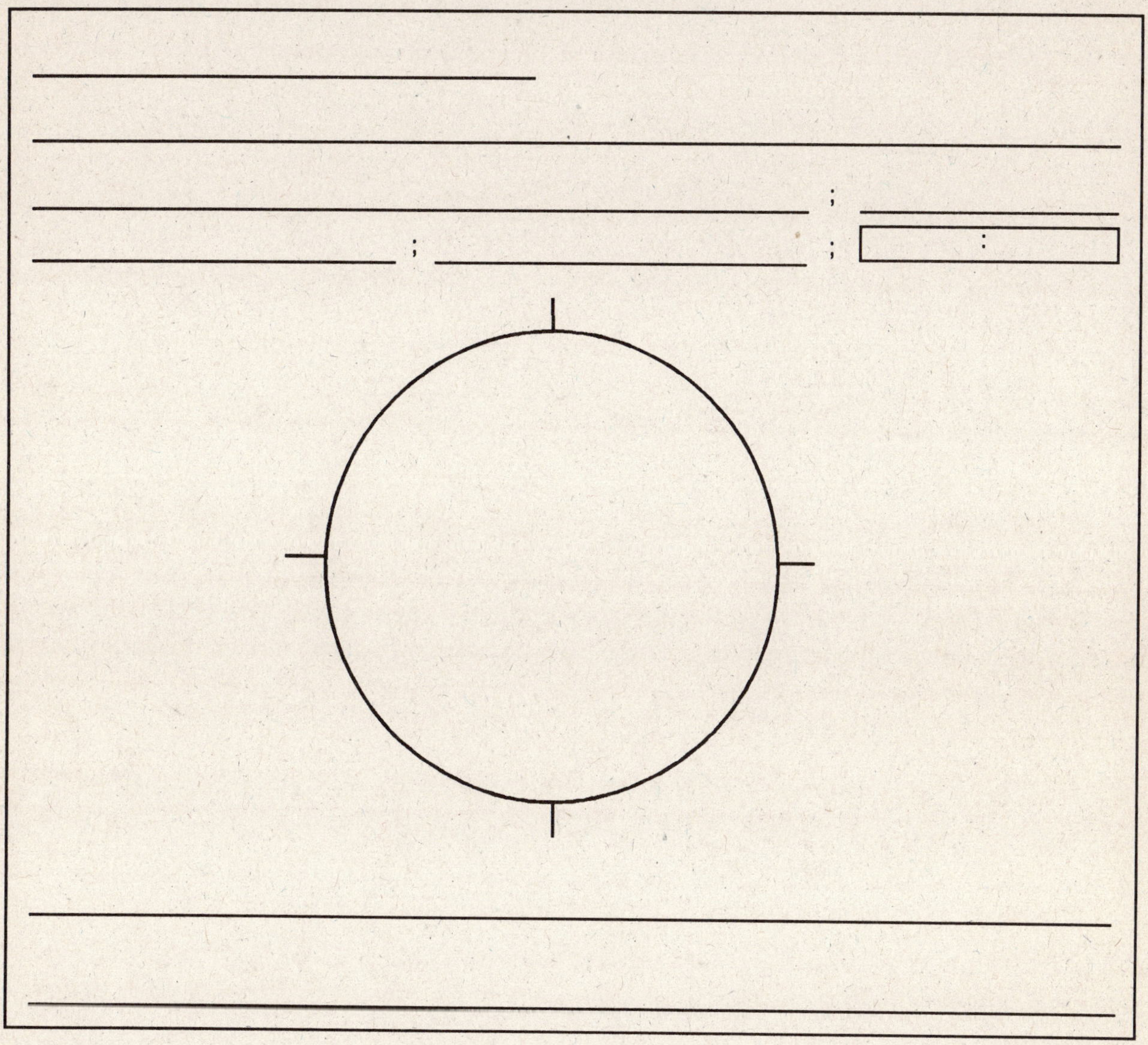

Fragen:

1. Was bedeutet der Kreis mit den Zahlen auf dem Arbeitsblatt ?

____

2. Wozu dienen die Zahlen am Kreis ?

____

3. Warum darf man im Mikroskop betrachtete Dinge nicht größer zeichnen als man sie sieht ?

____

Die Vogelfeder unter dem Mikroskop

Unsere Überlegung:

Wie kann man eine Vogelfeder mikroskopieren?

Arbeitsmaterialien:

Mikroskop	Objektträger	Vogelfeder	Bleistift
Okular	Brillentuch	Schere	Lineal

Mikroskopische Untersuchung

Aufgabe:
1. Schneidet mit der Schere ein *kleines Stück* (ca. 1 cm^2) von der Vogelfeder ab.
2. Legt das Teilstück der Vogelfeder auf den Objektträger.
3. Mikroskopiert es (Vergrößerung ca. 150 x).
4. Zeichnet das mikroskopierte Bild *(nur Ausschnitt)*.
5. Notiert eure Beobachtungen.

Mikroskopieren von: ______________________ ; Maßstab der Zeichnung: [:]

Okularvergrößerung: ______ x ; Objektivvergrößerung: ______ x ;

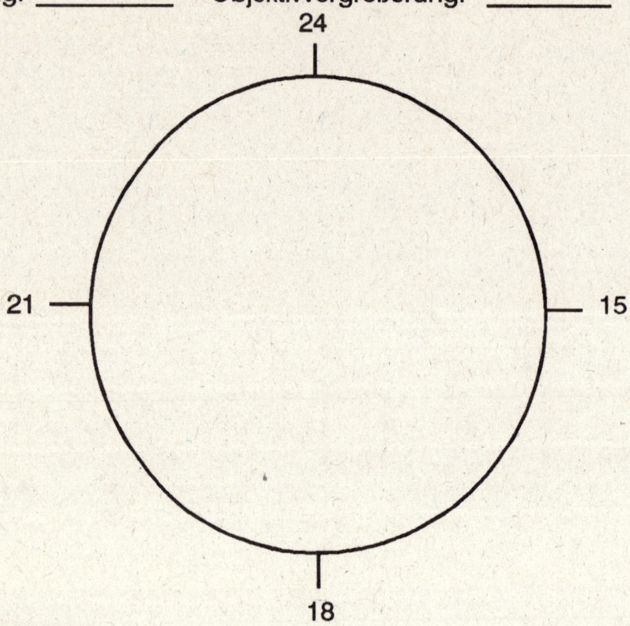

Deine Beobachtungen:

____

____

Gemeinsame Auswertung:

____

____

____

Frage: Kennt ihr die Geschichte von DÄDALUS und IKARUS?

Ist Haarschneiden schmerzhaft?

Unsere Mikroskopieraufgabe:

Wie sieht ein Haar 600 x vergrößert aus ?

Arbeitsmaterialien:

Mikroskop	Objektträger	Stativ zur Mikrobiologie	Bleistift	<u>Für alle 2 x:</u>
Okular	Deckglas	Eigenes Haar	Lineal	Becherglas mit Wasser und Tropfpipette
				Nagellackflasche mit Pinsel

Mikroskopische Untersuchung

Aufgabe:
1. Gebt mit der Tropfpipette einen Wassertropfen *mitten* auf den Objektträger.
2. Zieht euch selbst ein Kopfhaar mit Haarwurzel aus.
3. Legt das Haar mit der Wurzel in den Wassertropfen.
4. Deckt das Objekt mit einem Deckglas ab.
5. Sucht zuerst mit dem ***10er Objektiv*** das mikroskopische Bild. Stellt dann am Revolver das ***40er Objektiv*** ein. Zeichnet dieses Bild und notiert eure Beobachtungen.
6. Wiederholt die mikroskopische Untersuchung mit der Haarspitze.

Mikroskopieren von: ______________________ ; Maßstab der Zeichnung:

Okularvergrößerung: ________ x ; Objektivvergrößerung: ________ x ; [:   ]

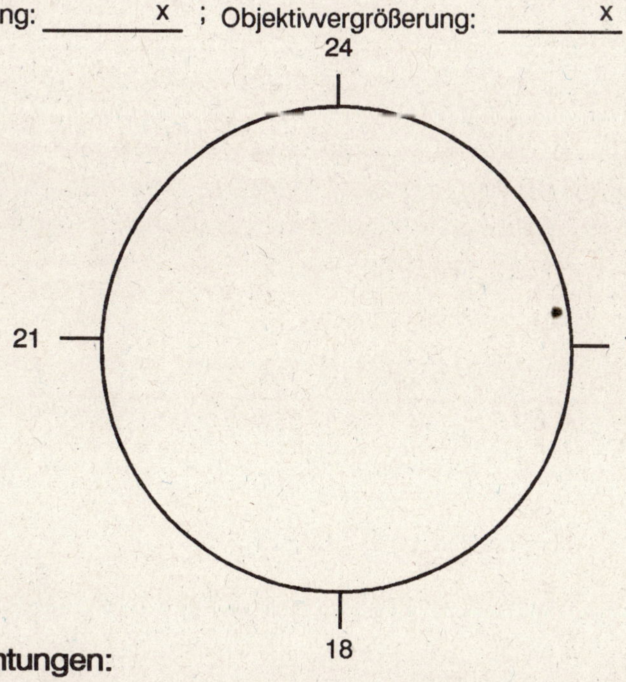

Deine Beobachtungen:

____

____

Gemeinsame Auswertung:

____

____

Aufgabe: Nennt die Aufgaben der Haare bei Mensch und Tier.

Eine pflanzliche Zelle

Wir führen ein Unterrichtsgespräch.

Zellen sind die kleinsten Bausteine aller Lebewesen. Was wißt ihr über Zellen?

Wir mikroskopieren als Beispiel für pflanzliche Zellen die Haut einer Zwiebel.

Aufgabe: Überlegt, wie man ein Zwiebelhaut-Präparat herstellen und anschließend mikroskopieren könnte !

Arbeitsmaterialien:

<u>Je Arbeitsgruppe (2 Schüler)</u>
1 Objektträger
1 Deckglas
1 Stativ
1 Mikroskop
1 Bleistift

<u>Selbst mitzubringen:</u>
1 Haushaltsmesser
1 Haushaltsbrett
1 Korken

<u>Gemeinsames Material</u>
Zu besorgen:
3 Zwiebeln
1 Päckchen Rasierklingen
3 Pinzetten
1 Tropfflasche mit Lugolscher Lösung

Arbeitsanweisung:

Anfertigen eines Zwiebelhaut-Präparates

A. Ablösen der Zwiebelhaut

1. Halbiert mit dem Messer die Zwiebel!
2. Löst aus der Schnittinnenseite eine Zwiebelschuppe heraus!
   Achtung!
   Die Zwiebelschuppe besitzt auf ihrer Innenseite eine dünne Haut, die Zwiebelhaut. Diese soll als ein Beispiel für eine pflanzliche Zelle mikroskopiert werden.
3. Befestigt die Rasierklinge an dem Korken, indem ihr vorher einen Schlitz mit dem Messer in den Korken schneidet. Darin befestigt die Rasierklinge!
4. Schneidet mit der Rasierklinge ein Muster (siehe Abbildung) aus kleinen Quadraten in die Zwiebelhaut der Zwiebelschuppe!

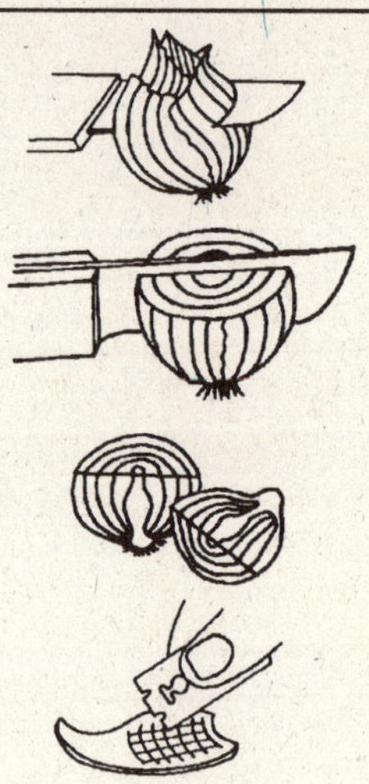

B. Herstellung des Zwiebelhaut-Präparates und Mikroskopieren

1. Bringt mit der Tropfpipette einen Tropfen Lugolscher Lösung auf die Mitte des Objektträgers!
2. Löst mit der Pipette *ein* quadratisches Stück der Zwiebelhaut von der Zwiebelschuppe ab!
3. Legt das Zwiebelhautstück in die Lugolsche Lösung!
4. Deckt das Objekt mit dem Deckglas ab!
   Achtung!
   Vermeidet Lufteinschlüsse, indem ihr das Deckglas seitlich *in Kontakt* zum Wassertropfen aufsetzt.
   Laßt es dann fallen!
5. Das Zwiebelhaut-Präparat ist nun mikroskopierfertig!

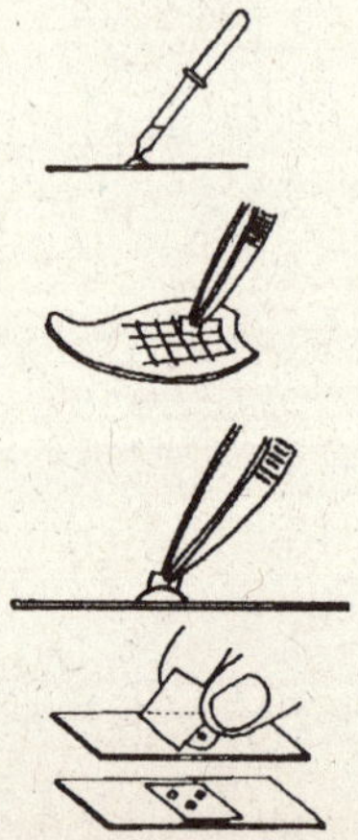

Mikroskopische Untersuchung

Aufgabe:

1. Betrachte das Objekt zuerst bei kleinster Vergrößerung! Stelle das Bild durch Verstellen des Objekttisches ein! Vergrößere das Bild durch Auswechseln von Okular/Objektiv!
2. Zeichne einen *Ausschnitt!* Achte dabei auf *Feinheiten!*
3. Vergleiche deine Zeichnung mit der Abbildung der Zwiebelhautzellen auf der Kursbuch-Rückseite!

Mikroskopieren von: ______________________ ; Maßstab der Zeichnung:

Okularvergrößerung: ______ x ; Objektivvergrößerung: ______ x ; [:]

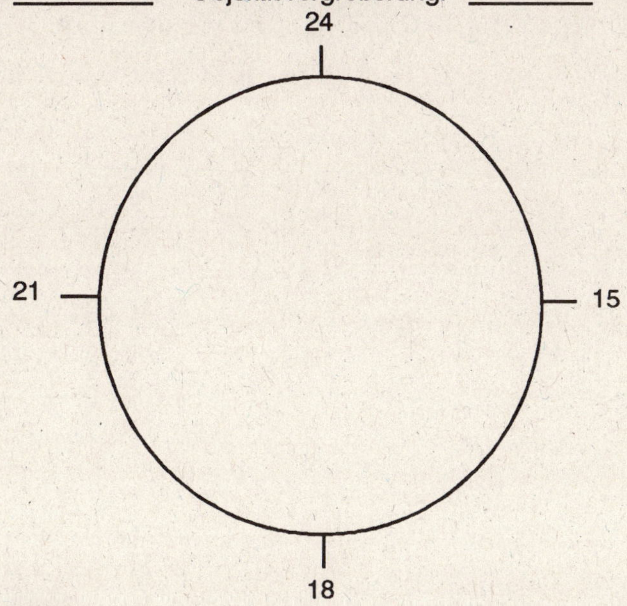

Deine Beobachtungen:

____

Gemeinsame Auswertung:

____

____

Fragen (Bearbeitung im Unterrichtsgespräch):

1. Wozu dient die Zellwand?

____

2. Welche Aufgabe haben die Vakuolen in den Pflanzenzellen?

____

____

3. Welche Bedeutung hat der Zellkern?

____

____

4. Welche Aufgabe in der Pflanzenzelle hat das Zellplasma?

____

____

Freies Thema:

Art des Präparates :

Mikroskopieren von :

Zeichnung :

Maßstab:

:

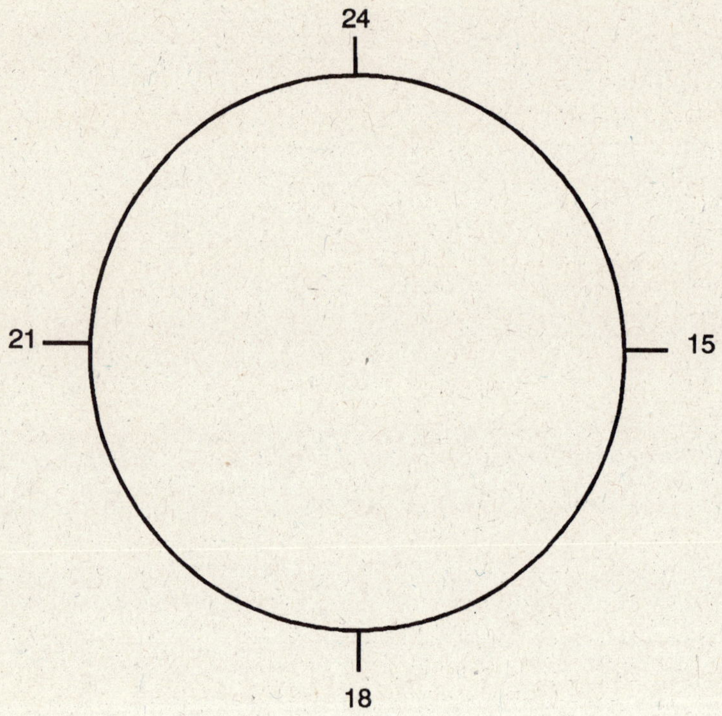

Deine Beobachtungen:

Gemeinsame Auswertung:

Freies Thema:

Art des Präparates :

Mikroskopieren von :

Zeichnung :

Maßstab:

:

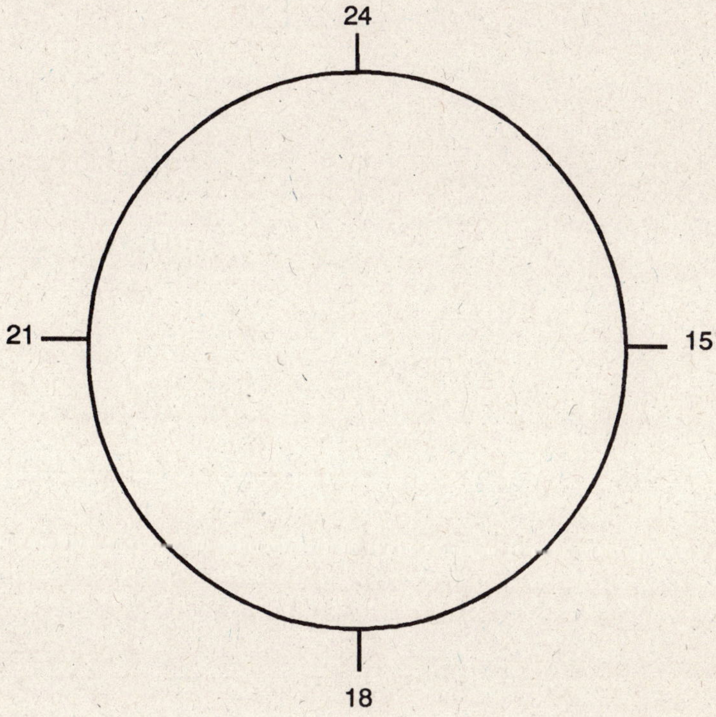

Deine Beobachtungen:

Gemeinsame Auswertung:

Als Beispiel für eine tierische Zelle - unsere Mundschleimhaut

Wir führen ein Unterrichtsgespräch.

Du hast schon herausgefunden, daß die Pflanzen aus Zellen bestehen. Es stellt sich jetzt die Frage: Aus welchen kleinsten Bausteinen sind alle anderen Lebewesen, aufgebaut? Was vermutet ihr?

Wir mikroskopieren eine menschliche Zelle und vergleichen sie mit einer pflanzlichen Zelle.

Aufgabe: Unsere Mundhöhle ist ausgekleidet mit für uns leicht erreichbarer Mundschleimhaut. Die Zellen der Mundschleimhaut wollen wir als Beispiel für tierische und menschliche Zellen untersuchen.
Überlegt, wie man ein Mundschleimhaut-Präparat herstellen könnte!

Arbeitsmaterialien:

Je Arbeitsgruppe (2 Schüler)		Gemeinsames Material
1 Becherglas (ca. 100 ml)	1 Deckglas	1 Tropfflasche mit Methylenblau
1 Stativ	1 Impföse	4 Tropfpipetten
1 Objektträger	1 Mikroskop	10 Einweg-Holzspatel
		1 Becherglas

Arbeitsanweisung:

Anfertigen eines Mundschleimhaut-Präparates

A. Vorbereiten des Objektträgers 1. Gebt mit der Tropfpipette einen Wassertropfen in die Mitte des Objektträgers!	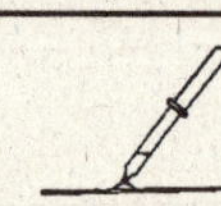
B. Präparieren der Mundschleimhaut 1. Ein Schüler schabt mit dem Holzende eines Einweg-Holzspatels etwas Mundschleimhaut von der Innenseite der Wangen ab ! *Achtung !* Arbeitet hygienisch! Vermeidet Infektionsgefahr, indem ihr *nie* einen schon von einem Mitschüler benutzten Holzspatel wiederverwendet. 2. Gebt mit dem Holzspatel die Zellen der Mundschleimhaut in den Wassertropfen auf dem Objektträger ! 3. Mischt das Zellenmaterial mit der Impföse gut in den Wassertropfen ein ! *Wichtig !* Vernichtet die benutzten Holzspatel (Beim Lehrer abgeben!)! 4. Gebt mit der Pipette der Tropfflasche einen *winzigen* Tropfen Methylenblaulösung auf das Objekt! 5. Deckt das Objekt mit dem Deckglas ab ! Vermeidet Lufteinschlüsse ! 6. Das Zellpräparat aus der Mundschleimhaut ist nun fertig.	  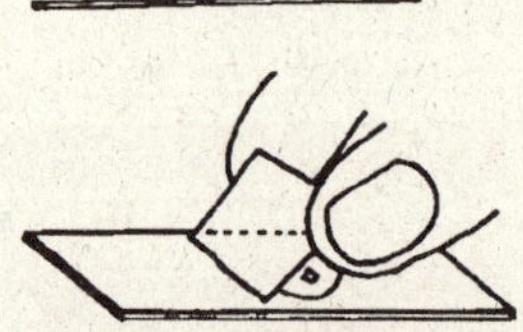 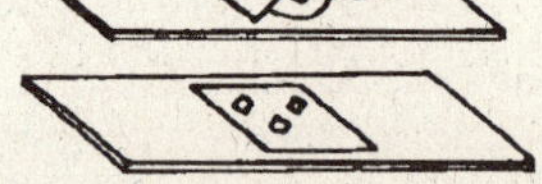

Mikroskopische Untersuchung

Aufgabe:
1. Betrachte das Objekt zuerst bei kleinster Vergrößerung!
   Stelle das Bild durch Verstellen des Objekttisches ein!
   Vergrößere das Bild durch Auswechseln von Okular/Objektiv!
2. Zeichne einen *Ausschnitt! Achte* dabei auf *Feinheiten!*
3. Vergleiche deine Zeichnung mit der Abbildung der Mundschleimhautzellen auf der Kursheft-Rückseite!

Mikroskopieren von: ______________________ ; Maßstab der Zeichnung:

Okularvergrößerung: ______ x ; Objektivvergrößerung: ______ x ; [:]

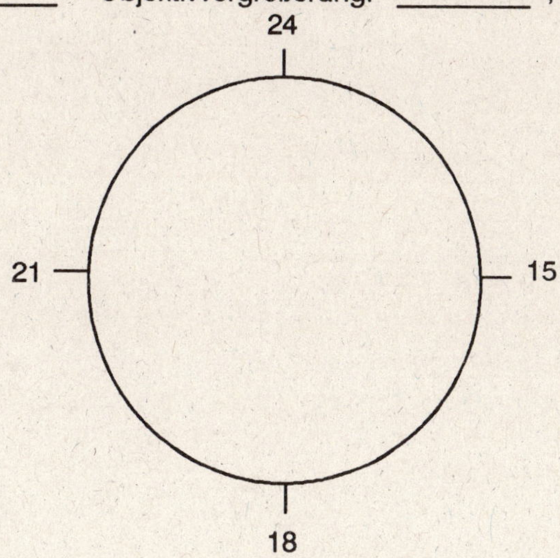

Deine Beobachtungen:

____

Gemeinsame Auswertung:

____

____

Fragen (Bearbeitung in 2-er Gruppen):

1. Erarbeite die Bestandteile pflanzlicher und tierischer Zellen in einer Tabelle !

Aufbau der pflanzlichen Zelle	Aufbau der tierischen Zelle
1. ____________	1. ____________
2. ____________	2. ____________
3. ____________	3. ____________
4. ____________	
5. ____________	

2. Wo liegen die Unterschiede zwischen Pflanzen- und Tierzellen ?

____

____

____

____

Flüssigkeiten unter dem Mikroskop

Wir führen ein Unterrichtsgespräch.

Wie bekommt man flüssiges Untersuchungsmaterial unter das Mikroskop ?
Nur *ein* Tropfen Untersuchungsflüssigkeit kann unzählig viele Mikroben enthalten : Was kann man vor dem Mikroskopieren tun, um hinterher im Mikroskop die Mikroben *einzeln* zu erkennen ?
Durch welche Maßnahmen kann man vermeiden, daß *fremde* Mikroorganismen auf Objektträger und Impföse das Untersuchungsergebnis verfälschen ?

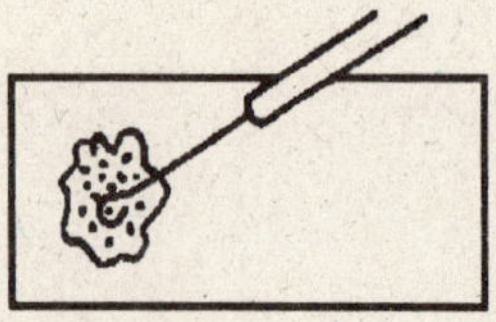

Wir wollen Flüssigkeiten mikroskopieren.

Aufgabe: Beantwortet zuerst den Fragenteil I !
Danach besprecht das Experiment und führt es durch.
Dabei löst den Fragenteil II !

Fragen Teil I (Zu bearbeiten in der 2er-Gruppe, teils im Experiment)

1. Experiment-Frage
Entflamme den Bunsenbrenner !
Prüfe mit der Impföse, wo sich die heißeste Stelle (Sterilisier-Stelle) in der Flamme befindet ! Lösche dann !

___

2. Warum hält man die Impföse in die Bunsenbrennerflamme ?

___

3. Warum soll man die Impföse nach dem Ausglühen etwas erkalten lassen und sie dann mehrfach ins Untersuchungsmaterial eintauchen ?

___

___

4. Experiment-Frage
Nimm den Impfösenhalter , tauche die Impföse in das mit Wasser gefüllte Becherglas. Ziehe sie heraus ! Beobachte ! Notiere !

___

Arbeitsmaterialien:

Je Arbeitsgruppe (2 Schüler)
1 Mikroskop
1 Okular
1 Objektträger
1 Deckglas

1 Bunsenbrenner
1 Anzünder
1 Becherglas mit Wasser
1 Impföse
1 Stativ zur Mikrobiologie

Gemeinsames Material
Feuerzeug
Selbst mitzubringen :
Untersuchungsmaterial, z.B. Joghurt (ohne Konservierungsmittel)

Arbeitsanweisung:

Herstellung eines Deckglas-Flüssigpräparates

1. Legt folgende Materialien bereit: Kollehalter mit Impföse, Deckglas, Becherglas mit Wasser, Objektträger, Untersuchungsmaterial. 2. Säubert den Objektträger!	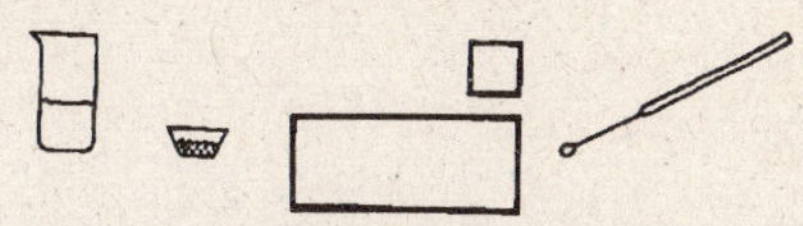
3. Entflammt den Spiritusbrenner!	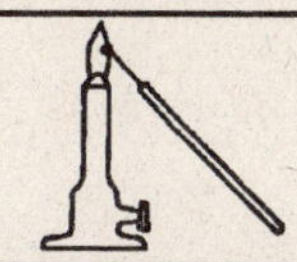
4. Glüht die Impföse im mittleren Teil der Flamme aus!	
5. Entnehmt mit der Impföse 5 x Verdünnungsflüssigkeit (Wasser) und tragt diese *seitlich* auf den Objektträger auf.	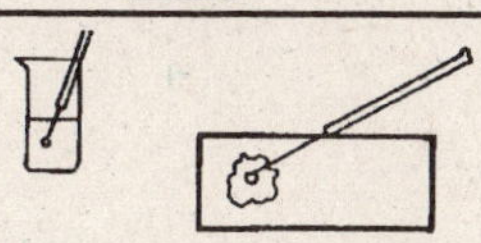
6. Impföse ausglühen und erkalten lassen.	
7. Entnehmt das Untersuchungsmaterial mit Hilfe der erkalteten Impföse (*mehrfach kurz* ins Material tauchen), danach etwas Material *abstreichen*.	
8. Taucht die Impföse mit wenig Material in die Wassertropfen, *mischt sehr gut (Verdünnen!)* ins Wasser ein und zieht die Verdünnung zur Objektträgermitte aus. Flammt die Impföse ab und stellt sie wieder in das Mikrobiologie-Stativ.	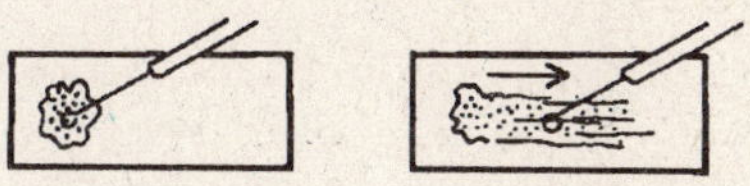
9. Setzt das Deckglas *mit einer Kante* auf den Objektträger und laßt es über das ausgezogene, gut verteilte Material fallen. Das Deckglas-Flüssigpräparat ist fertig!	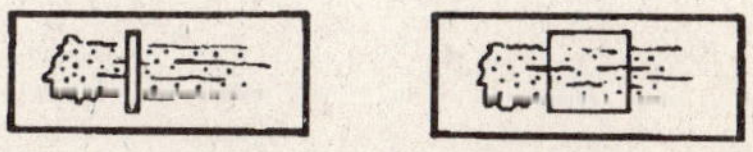
Tip: Wenn zuviel Material auf dem Objektträger vorhanden ist, dann mit der Impföse *mehrmals Wasser an einer Seite* des Deckglases aufsetzen.	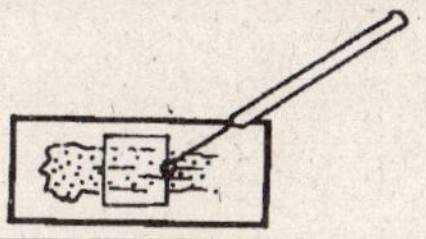
Merke: Die Strömung im Präparat entsteht durch Verdunsten der Mikroskopierflüssigkeit an den Seiten des Deckgläschens. Durch Abdichten des Deckglasrandes zum Objektträger mit Vaseline kann man das verhindern!	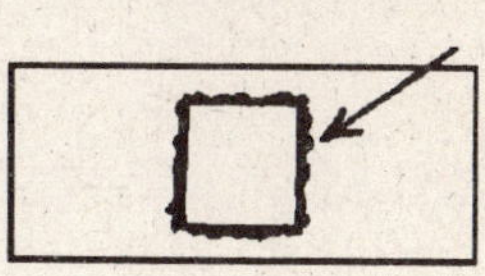

Fragen Teil II (Zu lösen während des Mikroskopierens)

1. Experiment-Frage:
Setze mit der Impföse *mehrmals* einen *Wassertropfen* seitlich an eine *Deckglaskante!* Beobachte danach im Mikroskop! Notiere!

____

2. Wodurch wird die jetzt auftretende Mikrobenbewegung verursacht?

____

3. Wozu dient der Wasseraufsatz seitlich auf dem Objektträger?

____

4. Deckgläser darfst du nur an den Kanten anfassen. Warum?

____

Wie entstehen die Löcher in unseren Zähnen?

Wir führen ein Unterrichtsgespräch.

Wie entstehen die Löcher in unseren Zähnen?

Wir wollen mikroskopisch unseren Zahnbelag untersuchen.

Aufgabe: Überlegt, wie man eigenen Zahnbelag mikroskopieren kann!

Arbeitsmaterialien:

Je Arbeitsgruppe (2 Schüler)
Impföse
Stativ
Spiritusbrenner
Reagenzglas mit Wasser
Objektträger
Deckglas
Mikroskop
Okular

Gemeinsames Material
Feuerzeug
Selbst mitzubringen:
Kleine Handspiegel
Wattestäbchen (Q-Tips)

Herstellung des Zahnbelag-Präparates

A. Vorbereiten des Objektträgers 1. Nehmt ein Wattestäbchen (Q-Tip) und tränkt es *gut* mit Wasser. 2. Gebt mit dem Q-Tip fünf Wassertropfen *seitlich* auf den gut gesäuberten Objektträger.	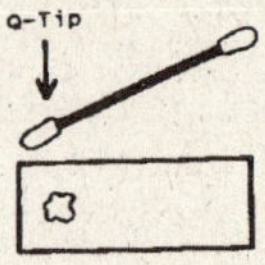
B. Entnahme des Zahnbelags (Infektionsgefahr! Es darf nur ein Schüler arbeiten!) 1. *Ein Schüler* tränkt den Q-Tip erneut mit Wasser, diesmal aber mit wenig Wasser. 2. *Derselbe* Schüler nimmt den Handspiegel in die *linke Hand.* 3. *Derselbe* Schüler fährt mit dem nassen Q-Tip in der *rechten Hand* an den *Zahnfleischrändern* von mehreren seiner Zähne entlang und kratzt dort Zahnbelag ab.	
C. Erstellen des Zahnbelag-Präpararates 1. Gebt den am Q-Tip haftenden Zahnbelag (kaum sichtbar!) durch sehr sorgfältiges *(mindestens eine Minute)* Ein- und Verrühren in die Wassertropfen seitlich auf den Objektträger. Verrührt nochmals mit der *ausgeglühten Impföse* (eine Minute). 2. Nach dem sorgfältigen Einmischen zieht das Zahnbelag-Wasser-Gemisch mit der *Impföse* zur Objektträgermitte aus. 3. Setzt ein Deckglas hochkant seitlich an das Gemisch und laßt es fallen. 4. Das Präparat ist nun fertig. Wählt eine Vergrößerung zwischen 150 x und 600 x. Verdunkelt das Bild mit der Blende. 5. Setzt, wenn ihr das Mikroskopbild seht, nochmals mit der Impföse einen Wassertropfen seitlich *an den Deckglasrand.* 6. *Achtung!* Vernichtet sofort das gebrauchte Q-Tip! Es besteht *Infektionsgefahr*, wenn das bereits benutzte Q-Tip von einem anderen Schüler nochmals gebraucht wird!	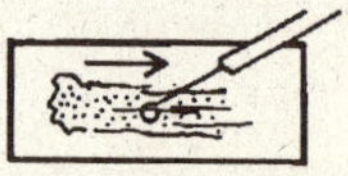 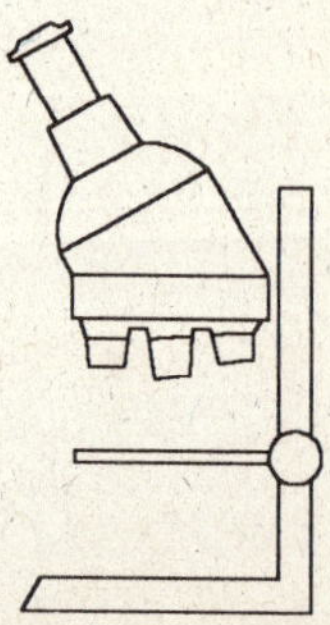

Mikroskopische Untersuchung:

Aufgabe: Mikroskopiere, zeichne das mikroskopierte Bild *(Ausschnitt)* und beschrifte deine Zeichnung. Vergleiche dabei mit der Tabelle "Aussehen von Mikroorganismen", Seite 78 und mit Foto 3, 1. Reihe auf der Kursheft-Rückseite.

Mikroskopieren von: ____________________ ; Maßstab der Zeichnung: [:]

Okularvergrößerung: ______ x ; Objektivvergrößerung: ______ x ;

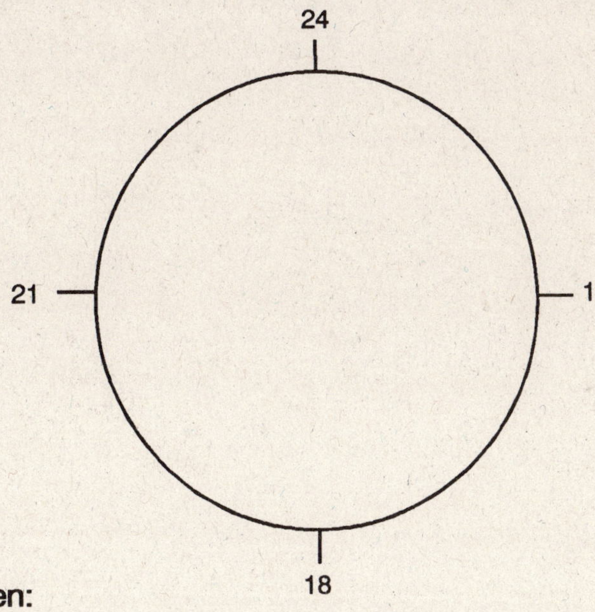

Deine Beobachtungen:

____

____

Fragen: (Lösung im Unterrichtsgespräch)

1. Welche Mikroorganismen befanden sich im mikroskopierten Material?

____

2. Warum soll man nicht zu viele Süßigkeiten essen?

____

3. Wie entstehen die Löcher in den Zähnen? (zeichnerische Darstellung)

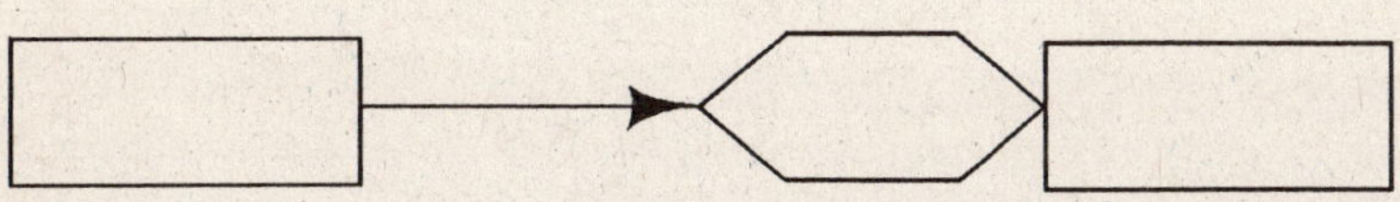

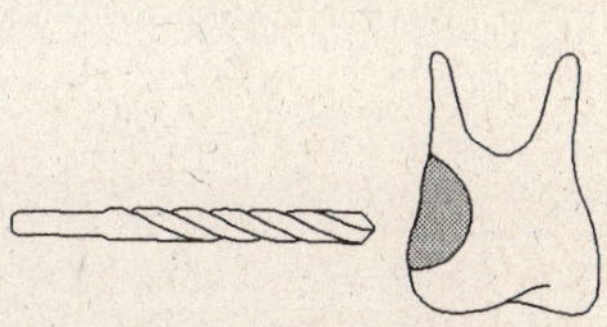

Merksatz:

____

____

Aufgabe: Überlege, durch welche Maßnahmen du die Entstehung von Karies an deinen Zähnen verhindern kannst.

Freies Thema:

Art des Präparates :

Mikroskopieren von :

Zeichnung :

Maßstab:

:

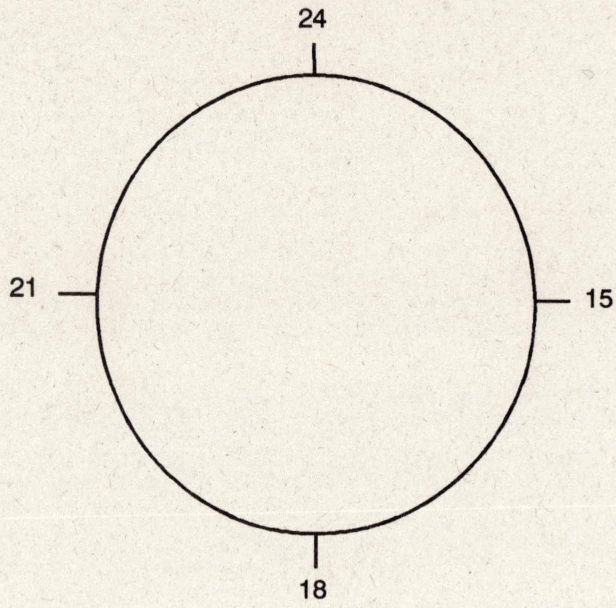

Deine Beobachtungen:

Gemeinsame Auswertung:

Freies Thema:

Art des Präparates :

Mikroskopieren von :

Zeichnung :

Maßstab:

:

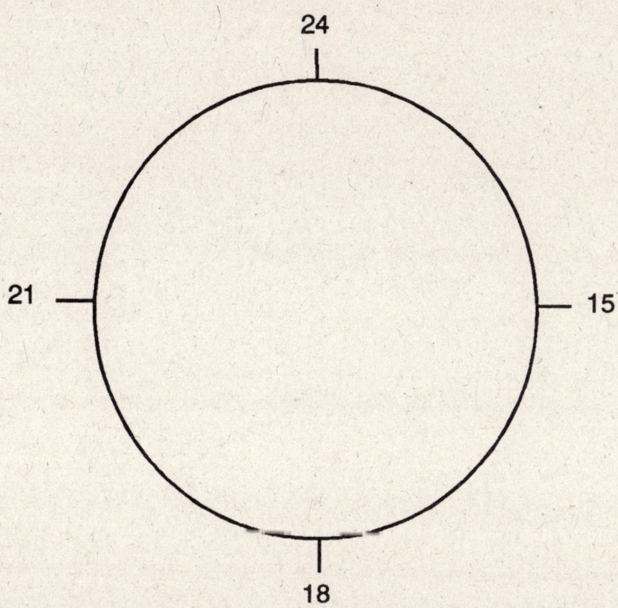

Deine Beobachtungen:

Gemeinsame Auswertung:

Mikroorganismen in Farbe - Wie und warum?

Unsere Überlegung:

In der Mikrobiologie färbt man oft Mikroorganismen an. Warum?

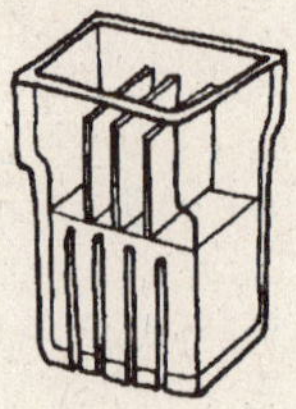

Wir wollen Mikroorganismen anfärben.

Aufgabe: Überlegt, wie man Mikroorganismen anfärben könnte!

Arbeitsmaterialien:

<u>Je Arbeitsgruppe (3 Schüler)</u>
Mikroskop
Okular
Objektträger
Spiritusbrenner
Impföse
Stativ
Reagenzglas mit Wasser
Ethanol
Papiertaschentücher
Brillentuch

<u>Gemeinsames Material</u>
Färbecüvette mit Methylenblau-Lösung (auf dem Spültisch)
Feuerzeug
<u>Selbst mitzubringen:</u>
Untersuchungsmaterial (z.B. Joghurt)

Arbeitsanweisung:

Herstellung eines Färbepräparates

A. Vorbehandlung des Objektträgers 1. Säubere deinen Objektträger mit einem Papiertaschentuch. 2. Befeuchte dein Brillentuch mit etwas *Ethanol* (steht auf dem Lehrerpult) und *wische* beide Seiten des Objektträgers gut damit ab.	Objektträger
B. Anfertigung des Ausstrichpräparates 1. Entflamme den Brenner. 2. Glühe die Impföse aus. 3. Nimm mit der Impföse *7 x Wasser* aus dem Reagenzglas und setze die Wassertropfen *seitlich* auf deinen Objektträger. 4. Glühe die Impföse erneut aus. 5. Lasse die Impföse einen Augenblick *erkalten*. 6. Entnimm jetzt mit der erkalteten Impföse *1 x Material* aus dem Untersuchungsmedium, tauche die Impföse vor der endgültigen Entnahme *mehrfach* kurz in das Untersuchungsmaterial. Entnimm *wenig* Material! 7. *Mische* das Untersuchungsmaterial lange genug (2 Minuten) in die Wassertropfen ein. 8. Ziehe die Mischung *zur Mitte* des Objekträgers aus. 9. Lasse das *Ausstrichpräparat* durch *Hin- und Herwedeln* trocknen.	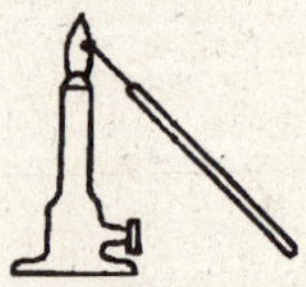  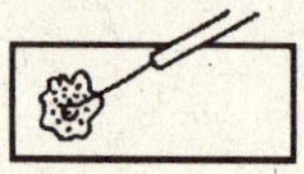 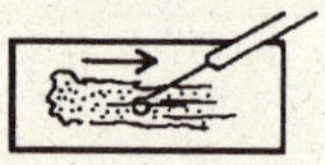
C. Flammenfixierung des Ausstrichpräparates 1. Ziehe den Objektträger mit der *Materialseite* nach *oben* ("Butterseite") etwa *10 x* durch die Brennerflamme im Rhythmus: "21 - 22 - 23" (Siehe Zeichnung!) "21" = 1 Sekunde *durch* die Brennerflamme "22 + 23" = 2 Sekunden *dauert* Bogenschlagen.	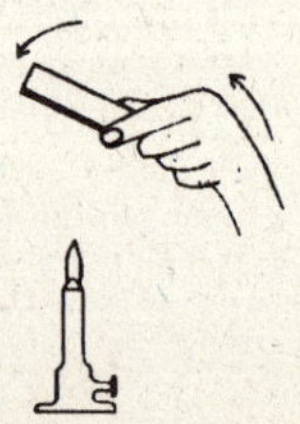

D. Säuberung und Mikroskopierung des Färbepräparates

1. Setze den Objektträger mit dem jetzt flammenfixierten Untersuchungsmaterial *2 Minuten* in die *Färbecüvette*. Stelle diese dann auf den Spültisch.
   Vorsicht! Farblösung ist giftig, nicht in den Mund nehmen!
2. Danach den Objektträger mit beiden Objektträgerseiten *vorsichtig* unter einem dünnen Wasserstrahl abspülen.
3. Zum *Abtrocknen* setze den Objektträger am Spültisch *hochkant* auf ein Papiertaschentuch.
4. Mit einem anderen Papiertaschentuch wischst du vorsichtig die *Unterseite* (nicht die "Butterseite") sowie die Kanten des Objektträgers ab:
   Das Mikroskop darf nicht beschmutzt werden!
5. Die "Butterseite" wird durch *Wedeln* getrocknet.
6. Mikroskopiere kurz (5 Minuten) das *fertige Färbepräparat.*
7. **Räume** dann deinen Arbeitsplatz *auf*!
   Danach versuchst du, die *Fragen 1 - 6* zu beantworten!

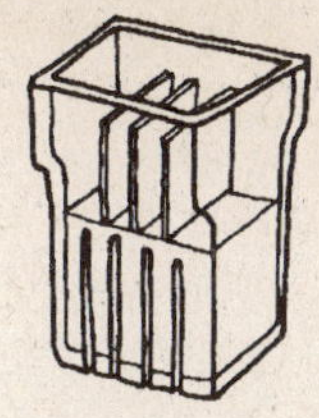

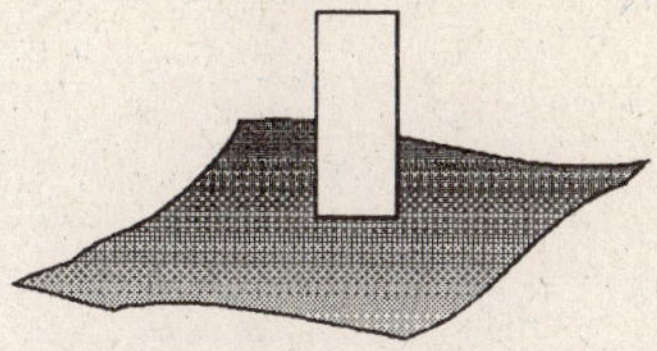

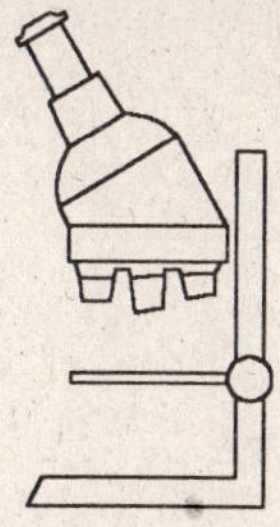

Fragen (Zu beantworten in 2ter-Gruppe):

1. Warum mußt du deinen Objekträger vor dem Versuch säubern und anschließend mit Ethanol abwischen? Bedenke die Ethanolwirkung!

2. Was versteht man unter der "Butterseite" des Objektträgers, und was ist diesbezüglich zu beachten?

3. Wozu dient die "Flammenfixierung" des Präparates?

4. Warum muß man den Objektträger in einem bestimmten Rhythmus durch die Bunsenbrennerflamme ziehen?

5. Wie lange soll der Objektträger in der Färbecüvette bleiben, und was geschieht mit den Mikroben in der Cüvette?

6. Was kann man machen, wenn das Färbepräparat zuviel Farbe hat?

Wir stellen Nährboden für Mikroorganismen her.

Wir diskutieren:
Aus welchen Nährstoffen besteht die menschliche Nahrung?

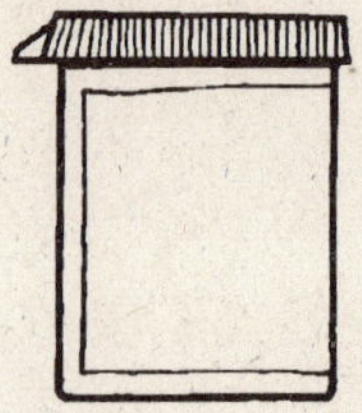

Wir wollen Nährboden für Mikroorganismen herstellen.

Aufgabe: Beantwortet die Fragen, besprecht die mikroskopische Untersuchung und führt sie durch!

Fragen (Lösung im Unterrichtsgespräch)

1. Was ist ein Nährboden für Mikroorganismen, wozu wird er gebraucht?

___

___

___

2. Welche Eigenschaften muß ein Nährboden für die Untersuchung bestimmter Mikroorganismen aufweisen?

___

___

3. Warum benutzt man für die Nährbodenherstellung destilliertes und *nicht* Leitungswasser?

___

4. Wozu reicht genau ein zu 3/4 voll gefülltes Reagenzglas mit Nährboden? (Lehrer-Information!)

___

___

5. Nenne Zeitdauer und Temperatur zur Nährbodensterilisation! (Information in der Arbeitsanweisung Teil D, Absatz 5):

___

___

6. Warum bewahrt man sterilisierten Nährboden in Reagenzgläsern im Kühlschrank auf?

___

___

Arbeitsmaterialien:

Je Arbeitsgruppe (5 Schüler)
1 Rundfilter
1 Becherglas (ca. 250 ml) mit ml-Einteilung
1 Reagenzglasstativ
4 Reagenzgläser mit Alukappen, sterilisiert
1 Trichter
1 Heizplatte oder 1 Bunsenbrenner mit Dreifuß und Drahtnetz
1 Glasstab
2 Handtücher

Gemeinsames Material
Waage
Nährbodenpulver
Spatel
Behälter mit destilliertem Wasser
Brutschrank (Sterilisationsschrank)
Kühlschrank
Reagenzglasbürste

Arbeitsanweisung:

Herstellung eines sterilen Nährbodens für Mikroorganismen

A. Abwiegen des Nährboden-Pulvers

1. Für eine Petriplatte braucht man etwa 10 ml Nährboden.
2. Jede Arbeitsgruppe stellt Nährboden für 4 Petrischalen her. Dafür braucht man 2 g Nährboden.
3. Knickt das Filterpapier 2 x über Kreuz und legt es in die Waagschale der Waage.
4. Gebt mit dem Löffel Nährbodenpulver auf das Filterpapier.
5. Wiegt ca. 2 g Nährbodenpulver ab.

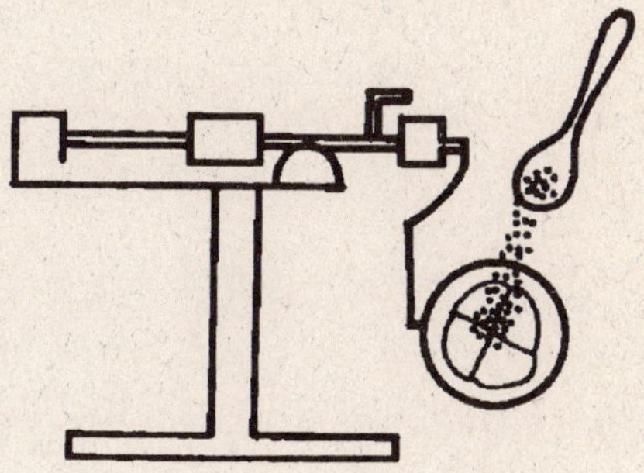

B. Mischung des Nährbodens

1. Geht mit dem Becherglas zum Behälter mit destilliertem Wasser und füllt etwa 60 ml davon in das Becherglas (Menge an Becherglas-Einteilung ablesen!).
2. Gebt am Arbeitsplatz die abgewogenen 2 g Nährbodenpulver in das Becherglas zum destillierten Wasser.

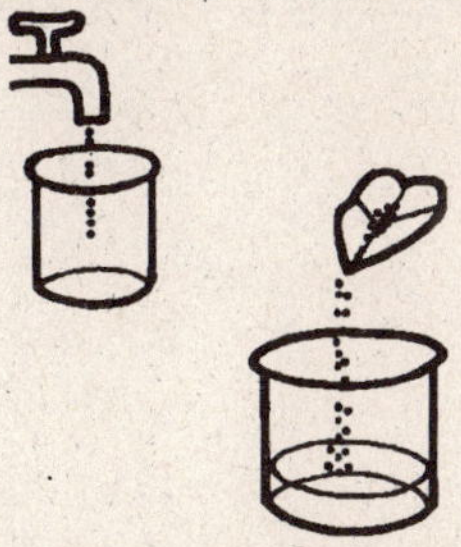

C. Zubereitung des Nährbodens

1. Stellt das Becherglas mit Nährbodenpulver und destilliertem Wasser auf die Heizplatte oder über die Bunsenbrennerflamme.
2. Erhitzt dann unter ständigem Rühren (Vorsicht! Spritzgefahr!) mit dem Glasstab das Nährbodenpulver-Wasser-Gemisch bis zum Kochen (Blasen steigen heftig auf!).
   Wichtig: Dann *sofort* abstellen!

D. Abfüllung des fertigen Nährbodens und Sterilisation

1. Stellt 4 Reagenzgläser mit Alukappen so in das Stativ, daß zwischen jedem Reagenzglas ein Platz frei bleibt, damit beim Abfüllen der Trichter genügend Platz hat.
2. Wickelt ein Handtuch (siehe Abbildung) um das Becherglas.
3. Füllt jedes Reagenzglas 3/4 voll.
4. Verschließt die Gläser mit den Alukappen.
5. Reagenzgläser mit Nährböden 1 Stunde bei 120°C im Brutschrank sterilisieren, anschließend im Kühlschrank lagern.

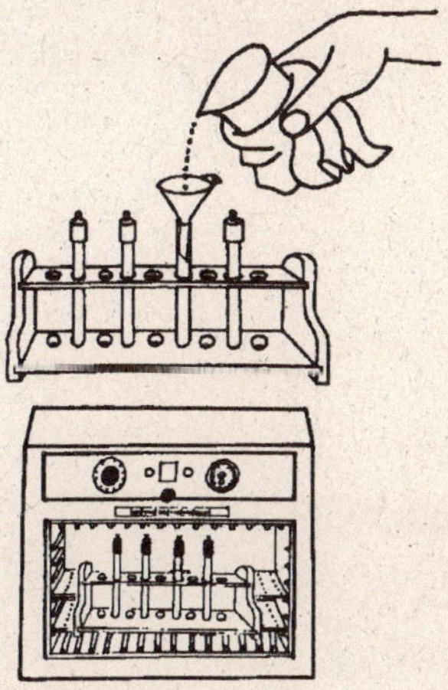

E. Versuchsabbau

1. Jetzt sofort Becherglas, Trichter und Glasstab säubern. Filterpapier in den Papierkorb werfen.

Wir reverflüssigen Nährboden und gießen ihn in Petrischalen aus.

Zu eurer Information:

Ihr fragt euch vielleicht, wie es kommt, daß der von euch zubereitete flüssige Nährboden auf einmal fest geworden ist.
Hier die Antwort:
In der flüssigen Nährlösung befindet sich neben den Nährstoffen für die Mikroorganismen in 2- bis 3-prozentiger Konzentration noch ein anderer Stoff: AGAR-AGAR. AGAR-AGAR wird aus Rotalgen des Indischen und Stillen Ozeans gewonnen und dient zur Verfestigung der Nährlösung. AGAR-AGAR erstarrt bei etwa 37° C und macht den flüssigen Nährboden zu einem steifen Gelee. Bei 80° C schmilzt AGAR-AGAR wieder.

Wir wollen Nährboden reverflüssigen und ihn in Petrischalen ausgießen.

Aufgabe: Überlegt, wie man den zubereiteten Nährboden für die Arbeit mit Mikroorganismen einsetzen kann.
Beantwortet dann die Fragen, besprecht das Experiment und führt es durch!

Fragen (Lösung im Unterrichtsgespräch):

1. Was versteht man unter "Reverflüssigen"?

___

2. Aus welchen Teilen besteht eine Petrischale?

___

3. Warum darf die Petrischale immer nur *kurz* angehoben werden?

___

___

4. Warum werden Petriplatten mit Nährboden (auch beimpft) *immer* umgedreht (Unterschale oben) im Kühlschrank gelagert? (Lehrer-Information!)

___

___

___

___

Arbeitsmaterialien

<u>Je Arbeitsgruppe (5 Schüler)</u>
4 Reagenzgläser mit Nährboden und Alukappen
4 Petrischalen, sterilisiert
1 Reagenzglasständer
2 Handtücher

<u>Gemeinsames Material</u>
Becherglas (ca. 600 ml) mit bereits heißem Wasser
Heizplatte oder
Bunsenbrenner mit Dreifuß und Drahtnetz
Tablett
Reagenzglasbürste
Markierstift

Arbeitsanweisung:

Reverflüssigen und Ausgießen von Nährboden

A. Reverflüssigen des festen, sterilisierten Nährbodens 1. Jede Arbeitsgruppe stellt die 4 Reagenzgläser mit festem, sterilem Mikrobennährboden in das Becherglas. 2. Füllt das Becherglas *so hoch* mit - nach Möglichkeit heißem - Wasser, daß der Nährboden von außen vollständig mit Wasser umgeben ist. 3. Stellt das Becherglas mit den Reagenzgläsern auf die Heizplatte (höchste Heizstufe) *oder* auf das Netz über der Bunsenbrennerflamme. 4. Wenn der Nährboden im Reagenzglas flüssig zu werden beginnt, könnt ihr durch Drehen der Reagenzgläser den Verflüssigungsvorgang beschleunigen. 5. Während des Verflüssigens habt ihr Zeit, in der Gruppe die Fragen zu diesem Versuch (siehe gegenüberliegende Seite) zu beantworten.	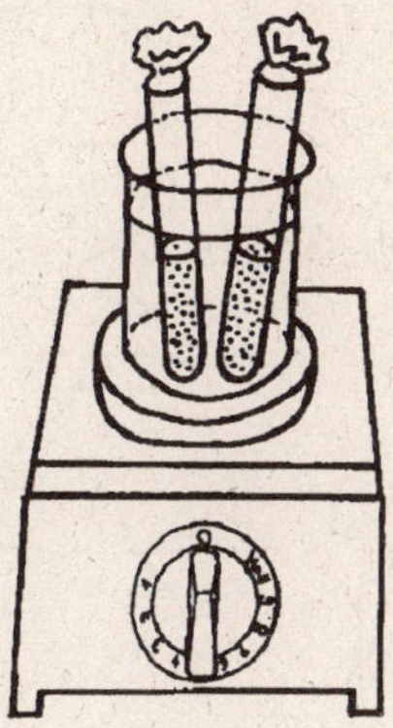
B. Ausgießen von flüssigem Nährboden in sterilisierte Petrischalen 1. Stellt 4 sterilisierte Petrischalen auf den Arbeitstisch. 2. Haltet ein Handtuch bereit. 3. Ein Schüler eurer Gruppe zieht mit einer Hand das Reagenzglas am Verschluß aus dem Wasser. 4. *Vorsicht!* Die andere Hand legt zum Schutz vor Verbrennung das Handtuch um das heiße Reagenzglas. 5. Zieht nun die Reagenzglaskappe ab. 6. Ein anderer Schüler hebt die Oberschale der Petrischale etwas an. 7. Gießt jetzt *schnell* den flüssigen Nährboden aus dem Reagenzglas in die Unterschale der Petrischale. 8. Schließt die Oberschale nach dem Ausguß *sofort* wieder.	 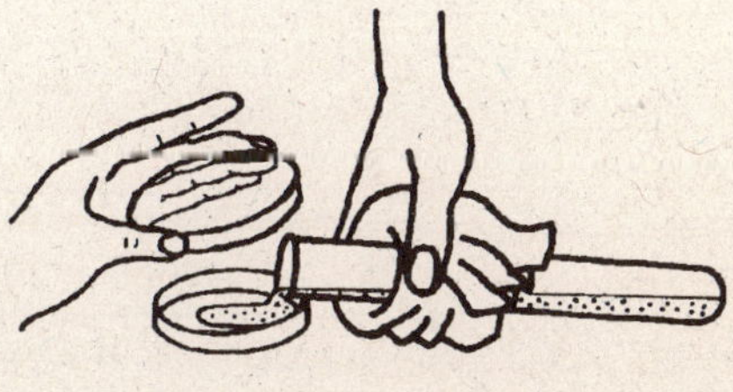
C. Gleichmäßiges Verteilen des Nährbodens in der Petriplatte 1. Legt die ausgegossene Petriplatte vorsichtig auf die Tischplatte. 2. Indem ihr die Petriplatte nun *vorsichtig* hin und her bewegt, wird der Nährboden über die gesamte Platte verteilt. 3. Beschriftet die Petriplatte mit dem Namen eurer Gruppe. 4. Bringt die Petriplatte zum Lehrerpult (Tablett). Dort erkaltet der Mikrobennährboden (kalte Unterlage). 5. Ein anderer Schüler reinigt währenddessen mit einer Reagenzglasbürste unter fließendem Wasser die Reagenzgläser.	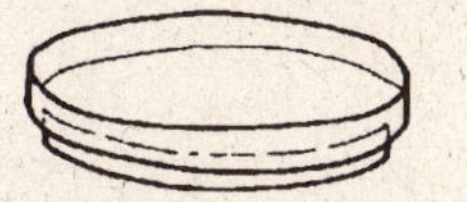 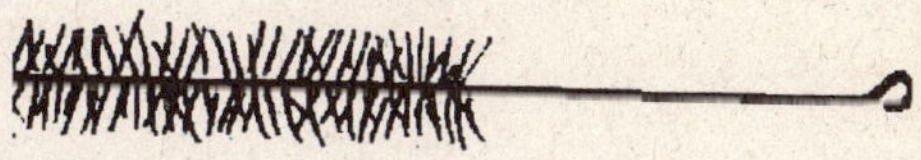
D. Lagern der Petriplatten mit erstarrtem Mikrobennährboden 1. Die erstarrten Petriplatten werden bis zur Beimpfung mit Mikroorganismen im *Kühlschrank* aufbewahrt. 2. Die Petriplatten werden dort umgedreht (Mikrobennährboden oben) aufbewahrt.	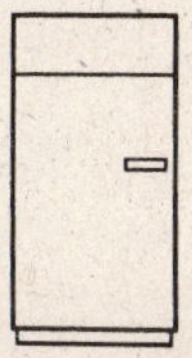
E. Abräumen des Experiments 1. Nach Beendigung des Experiments räumt euren Arbeitsplatz auf.	

Wir beimpfen Nährboden mit Mikroorganismen.

Unsere Überlegung:

1. Wie verflüssigt man Nährboden?
2. Wie bekommt man flüssiges und festes Untersuchungsmaterial auf Nährböden?

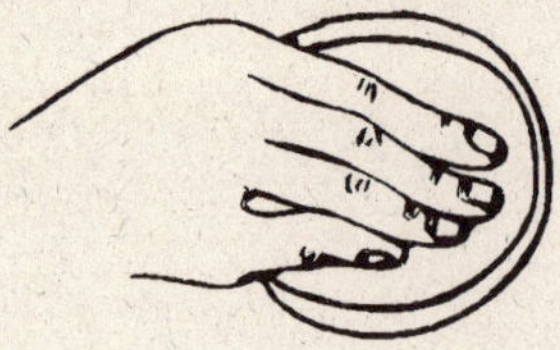

Wir wollen festes und flüssiges Untersuchungsmaterial auf Nährböden bringen.

Aufgabe: Reverflüssigt den Nährboden und beantwortet die Fragen. Danach besprecht das Experiment und führt es durch!

Fragen (Lösung im Unterrichtsgespräch während des Reverflüssigens):

1. Wozu braucht man den fertigen Nährboden für Mikroorganismen? (Wiederholung)

____

2. Welche Voraussetzung müssen die Petrischalen vor der Benutzung erfüllen?

____

3. Wie bringt man mikrobiologisches Untersuchungsmaterial auf Nährböden?

____

____

4. Was versteht man unter "Beimpfen einer Petriplatte"?

____

5. Warum darf der flüssige Nährboden beim Beimpfen mit flüssigem Untersuchungsmaterial *nur eine bestimmte* Temperatur aufweisen? Welche etwa?

____

____

6. Was geschieht mit den beimpften Petriplatten?

____

____

Arbeitsmaterialien:

Je Arbeitsgruppe (5 Schüler)
1 Reagenzglasständer
3 Reagenzgläser mit sterilem Nährboden und Alukappen
3 Petrischalen, sterilisiert

Selbst mitzubringen
flüssiges und festes Untersuchungsmaterial
Vorschlag für flüssiges Material:
pasteurisierte Milch oder apathogene Kultur von DSM

Gemeinsames Material
Becherglas (ca. 600 ml) mit heißem Wasser
Heizplatte
Brutschrank
Handtücher
Reagenzglasbürste
Makierstift

Arbeitsanweisung:

Beimpfen von Nährböden mit Mikroorganismen

A. Vorbereitung

1. Reverflüssigt den Nährboden (siehe Arbeitsanweisung S. 35)
2. Nehmt eine sterile Petrischale (sterilisiert bei 180° C mind. 30 Minuten).

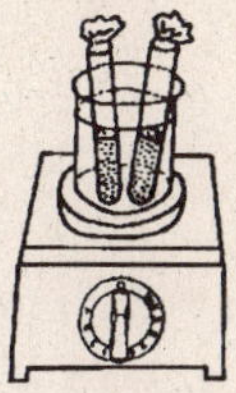

B. Entnahme der Reagenzgläser mit reverflüssigtem Nährboden

1. Ein Schüler hält ein Handtuch bereit.
2. Ein anderer Schüler eurer Gruppe zieht mit einer Hand das Reagenzglas am Verschluß aus dem mit Wasser gefüllten Becherglas, das auf der Heizplatte steht.
3. *Vorsicht!* Das *heiße* Reagenzglas muß mit dem Handtuch umfaßt werden.

C. Ausguß des Nährbodens und Beimpfung mit Untersuchungsmaterial

I. Mit festem Material

1. Ein Schüler zieht die Alukappe ab.
2. Ein anderer Schüler hebt die Oberschale der Petrischale etwas an.
3. Gießt nun schnell den flüssigen Nährboden in die Unterschale.
4. Schließt die Oberschale *sofort* nach dem Ausgießen.
5. Laßt die mit Nährboden versehene Petrischale *erkalten*.
6. *Beimpfen*: Legt das feste Untersuchungsmaterial (z.B. Haar, Büroklammer, Geldstück, Fingerabdruck) kurz auf den festen, erkalteten Mikrobennährboden.
7. Entfernt nun vorsichtig das Untersuchungsmaterial.
8. Schließt nun schnell die Oberschale.
9. Markiert auf der Oberschale die Stelle, auf der das Untersuchungsmaterial gelegen hat.

II. Mit flüssigem Material

1. Laßt den heißen Nährboden etwas im Alukappe abkühlen.
2. Ein Schüler zieht die Alukappe ab.
3. Ein anderer Schüler hebt die Oberschale der Petrischale etwas an.
4. Der Schüler mit dem Reagenzglas gießt den handwarmen, aber *noch gut flüssigen* Nährboden in die Unterschale der Petrischale.
5. *Beimpfen*: Ein dritter Schüler gibt jetzt (evtl. durch Gießen oder mittels Pipette) ein *paar Tropfen* von flüssigen Untersuchungsmaterial in die Unterschale mit dem flüssigen Nährboden.
6. Schließt nun schnell die Oberschale.
7. *Einmischen*: Ein Schüler legt die beimpfte Petriplatte auf seine flache Hand (Handteller):

Durch *sehr geringe Bewegung* des Handtellers wird das flüssige Untersuchungsmaterial gut mit dem noch flüssigen Nährboden *vermischt*.

D. Beschriftung und Bebrütung

1. Zuerst reinigen zwei Schüler der Gruppe die leeren Reagenzgläser.
2. Die anderen Schüler beschriften die beimpften und erkalteten Petriplatten mit den Namen der Gruppenmitglieder und der Art des Untersuchungsmaterials.
3. Bringt eure Petriplatten zum Lehrertablett.
4. Der Lehrer stellt die beimpften und beschrifteten Petrisplatten nun für 24 Stunden bei 36° C in den Brutschrank.

E. Abräumung des Experiments

1. Nach Beendigung des Experiments räumt euren Arbeitsplatz auf.

Freies Thema:

Art des Präparates :

Mikroskopieren von :

Zeichnung :

Maßstab:

:

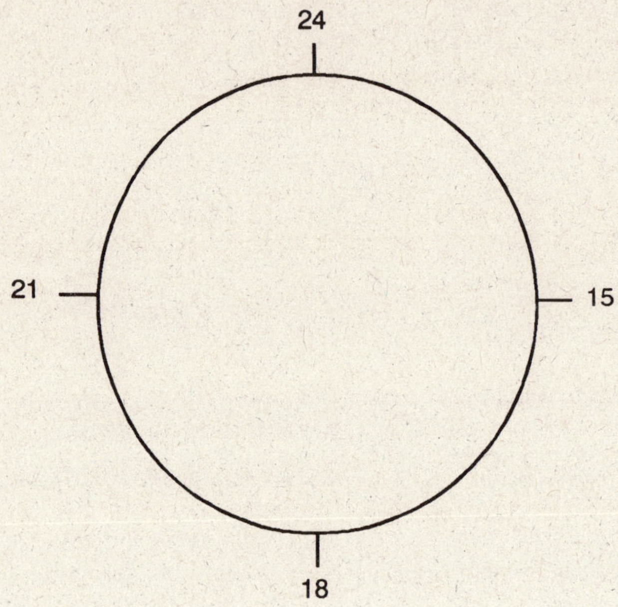

Deine Beobachtungen:

Gemeinsame Auswertung:

Freies Thema:

Art des Präparates :

Mikroskopieren von :

Zeichnung :

Maßstab:

:

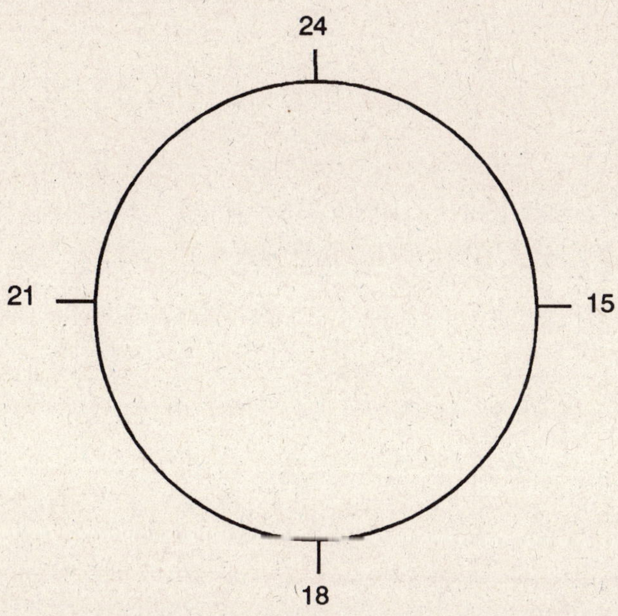

Deine Beobachtungen:

Gemeinsame Auswertung:

Wie Bakterien-Kolonien entstehen und wie man sie auswertet.

Wir führen ein Unterrichtsgespräch .

1. Wiederholt kurz mündlich, was ihr in den letzten Stunden mit den Petriplatten gemacht habt!
2. Holt dann die beimpften und bebrüteten Platten aus dem Brutschrank, schaut euch die Platten an! Was stellt ihr fest?
3. Zeichnet die Platte *(Farbe erwünscht)* und notiert!

Zeichnung der beimpften und bebrüteten Petriplatte

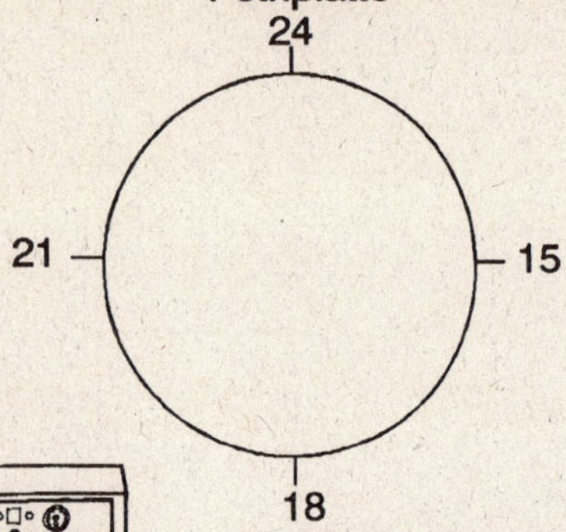

Notiert (Gruppenarbeit) eure Beobachtungen und Vermutungen: "Was ist auf der Platte passiert?"

____
____
____
____
____
____

Was passierte auf der beimpften Petriplatte während der Bebrütung im Brutschrank? Wie wertet man Petriplatten aus?

Zeichnerische Darstellung der Vermehrung von Bakterien am Beispiel einer Kokke

Stadium:	______	______	______	______
Was passierte?:	______	______	______	______
	______	______	______	______
Mit dem Auge erkennbar?:	______	______	______	______

Berechne:

Wieviel Bakterien sind nach einer ganz bestimmten Zeit durch Vermehrung entstanden? (Berechne zuerst auf einem Schmierzettel!)

a. Vor der beginnenden Vermehrung sind vorhanden: 1 Bakterie
b. Die Teilungsgeschwindigkeit der Bakterien beträgt: 30 min
c. Zur Verfügung steht eine Vermehrungszeit von: 10 h

Mein Ergebnis:

____

Definiere den Begriff "Mikrobenkolonie" bzw. "Mikrobenhof" !

____
____
____

Wir führen ein Unterrichtsgespräch.

1. Wozu geschieht die Auswertung von Mikrobenhöfen (-kolonien) ?
2. Wie kann man Mikrobenhöfe auswerten? Nennt Methoden!
3. Wie könnte man ausgewertete Platten aufbewahren?
4. Wie könnte man ausgewertete, nicht mehr benötigte Platten vernichten?

Makroskopische und mikroskopische Auswertung von Petriplatten

A. *Makroskopische Auswertung (mit dem Auge)*

1. *Arbeitsmaterialien:*	Bebrütete Petriplatte Wasserfester Folienschreiber Merkmalstabelle im Kursheft auf S. 79
2. *Auswertungsmethode:*	
a. Bestimmung der Höfe nach	1. Form (z.B. rund, gezahnt, gefranst) 2. Farbe 3. schleimig oder nichtschleimig 4. Geruch (In der Schule ist Plattenöffnen *verboten!*)
b. Auszählung der Höfe :	Alle Höfe werden ausgezählt; Petriplatten bis zu 300 Höfen sind auswertbar; Platte wird umgedreht, mit Stift werden Höfe auf der Unterseite der Platte markiert, so wird fehlerhaftes Auszählen vermieden.

B. *Mikroskopische Auswertung: Achtung! Ausführung in der Schule verboten, Ausnahme: bei bekannten, nichtpathogenen Mikroben:*

1. *Arbeitsmaterialien:* Bebrütete Petriplatten
   Materialien für Deckglasflüssig-Präparat
2. *Auswertungsmethode:*
   a. Man schabt vorsichtig mit der sterilen Impföse etwas *(nicht zuviel)* Mikrobenmaterial von einem Mikrobenhof ab.
   Vorsicht: Nicht Nährboden berühren und ihn "umgraben", sondern ganz behutsam etwas Material von dem Mikrobenhof abschaben!
   b. Man fertigt von dem entnommenen Mikrobenmaterial eines Hofes ein Deckglas-Flüssigpräparat (Vergl. S. 25) an, wichtig dabei ist das sehr sorgfältige Einmischen des Mikrobenmaterials in die Wassertropfen und dann das breite Ausziehen zur Mitte des Objektträgers.

C. *Aufbewahrung der ausgewerteten Petriplatten*

Ausgewertete und beschriftete Petriplatten werden seitlich mit einem Klebeband versiegelt und dann im Kühlschrank "umgedreht" aufbewahrt.

D. *Vernichtung von ausgewerteten Petriplatten*

Besondere *Sicherheitsvorschriften* (u.a. der Erlaß für die Richtlinien zur Sicherheit im naturwissenschaftlichen Unterricht) *regeln* für Schulen den *Umgang mit Mikroorganismen.*
Wenn du dazu mehr wissen möchtest, frage deinen Lehrer!

Fragen:

1. Warum ist das Beschriften von Petriplatten von großer Wichtigkeit?

___

2. Warum muß man die Vorschriften zur Aufbewahrung und Vernichtung von Petriplatten-Material beachten?

___

Wir isolieren und züchten eine bestimmte Bakterienart.

Zu eurer Information aus einem Zeitungstext:

Millionen Tiere müssen jährlich in Tierversuchen leiden oder sterben, damit der Mensch von schädigenden Substanzen - von Medikamenten bis zu Kosmetika - geschützt ist.
Viele dieser Versuche kann man heute durch Experimente mit Mikroorganismen ersetzen. Für solche Experimente legt man Reinkulturen von Mikroorganismen an, diese bestehen aus Mikroorganismen einer einzigen Art.
Eine einmal angelegte Reinkultur kann durch dauernde Züchtung über Jahre hinweg in sogenannten Schrägagar-Röhrchen erhalten bleiben.

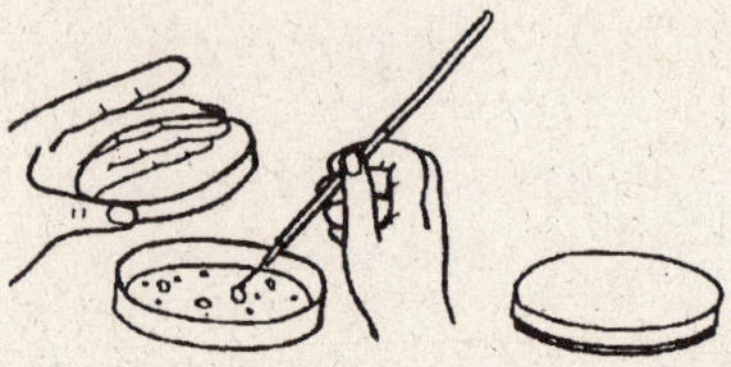

Wir wollen selbst Mikroorganismen aus einer Rohkultur isolieren und von ihnen eine Reinkultur züchten

Definiert zunächst die Begriffe

1. "Rohkultur":

____

2. "Reinkultur":

____

Wir führen ein Unterrichtsgespräch.

Wie könnte man aus einer "Rohkultur" eine bestimmte Mikroorganismenart isolieren und dann von dieser Mikrobenart eine "Reinkultur" anlegen und züchten?

Arbeitsmaterialien:

<u>Je Arbeitsgruppe (5 Schüler)</u>

1 Reagenzglas mit sterilem Mikrobennährboden und Alukappe
1 Kollehalter mit Impföse
1 Spiritusbrenner
1 Petrischale, sterilisiert
Stativ zur Mikrobiologie

<u>Gemeinsames Material</u>

1 Becherglas, 300 ml, zu 3/4 gefüllt mit bereits heißem Wasser
Reagenzglasständer
Heizplatte
Brutschrank (Sterilisationsschrank)
Feuerzeug
Wasserfester Folienschreiber
Petriplatte mit verschiedenen Mikrobenhöfen (Rohkulturplatte) von bekannten, nichtpathogenen Mikroorganismen:
Joghurtbakterien-Platte oder Kultur von DSM

Anlegen einer Reinkultur-Platte durch Überimpfen aus Rohkultur-Platte

A. Vorbereitung

1. Reverflüssigt den Nährboden für Mikroorganismen (siehe Arbeitsanweisung S. 35).
2. Nehmt eine sterile Petrischale (sterilisiert bei 180°C mind. 30 min.).
3. Gießt den flüssigen Mikrobennährboden in die sterile Petrischale aus (siehe Arbeitsanweisung S. 37).
4. Laßt den Nährboden in der Petrischale *erkalten*.

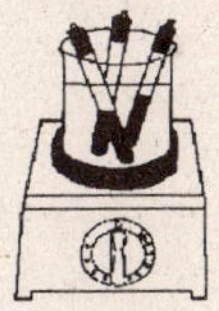

B. Mikroben-Entnahme aus der Rohkultur

1. Ein Schüler glüht die Impföse und den Vorderrand des Kollehalters in der Flamme aus.
2. Laßt die Impföse etwa 1 Minute abkühlen.
3. Sucht euch auf der *Petriplatte mit der Rohkultur einen Mikrobenhof* zum Überimpfen aus.
   Der Mikrobenhof soll möglichst *einzeln* liegen (wichtig).

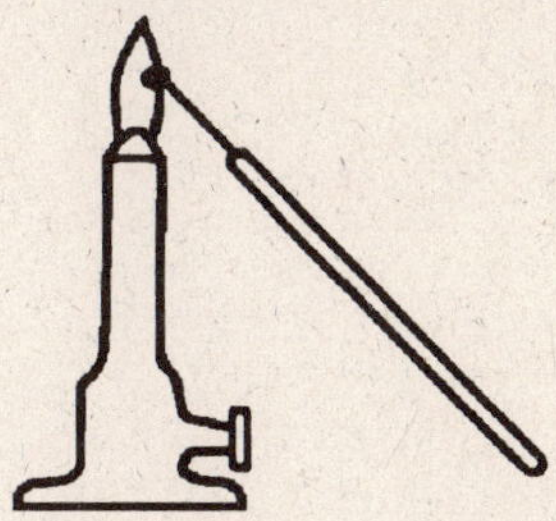

Vorgang des Isolierens

4. Ein anderer Schüler hebt die Oberschale der Rohkultur-Platte etwas an.
5. Der Schüler mit der sterilisierten Impföse entnimmt von der ausgewählten Mikrobenkolonie *etwas* (sehr wenig!) Mikrobenmaterial.
   Vorsicht: Dabei den Nährboden nicht mit der Impföse berühren und ihn "umgraben", sondern nur Mikrobenmaterial von der *Kolonieoberfläche* abnehmen.
6. Schließt schnell wieder die Oberschale der Petriplatte der Rohkultur.

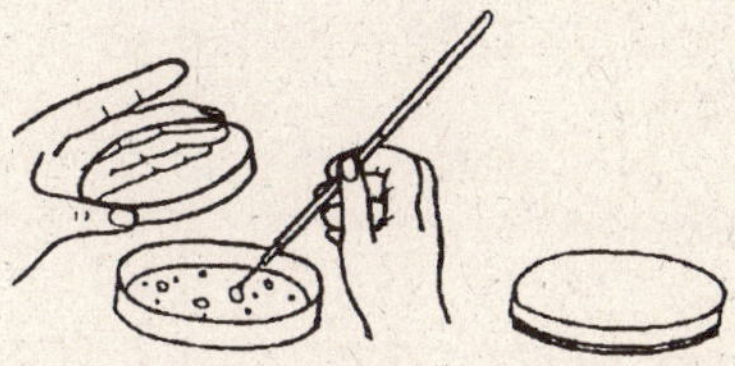

C. Überimpfen der Rohkultur auf die Reinkultur-Platte

1. Ein Schüler hebt die Oberschale der ausgegossenen *Petriplatte mit unbeimpften, sterilen Nährboden* etwas an.
2. Der Schüler mit dem Kollehalter *gleitet vorsichtig* mit der mikrobenmaterialbehafteten Impföse - ohne die Oberfläche des Nährbodens zu beschädigen - über den Nährboden in der in der *Abbildung geforderten Form (Strichverdünnungs-Methode).*
3. Schließt die Petriplatte sofort nach dem Überimpfen.
4. Glüht die Impföse erneut aus.
5. *Beschriftet* die ausgestrichene Petriplatte mit eurem Gruppenzeichen und der Art der ausgewählten Mikrobenkolonie.

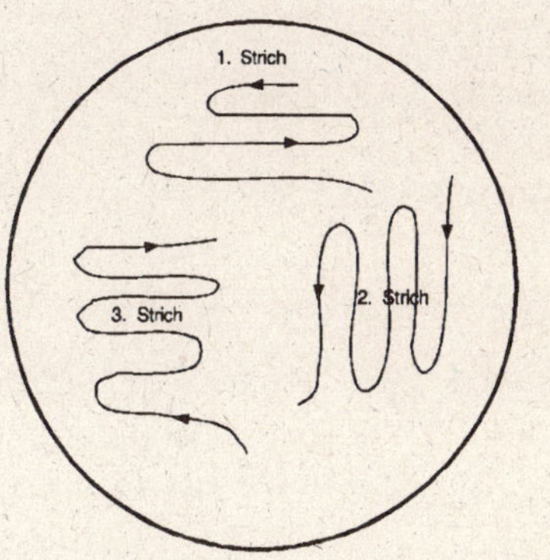

D. Bebrüten und Züchten der Reinkultur

1. Bebrütet die beimpfte Reinkultur-Platte mindestens 24 h bei 36°C umgedreht im Brutschrank.
2. In der nächsten Stunde kontrolliert ihr die entstandener Mikrobenkolonie auf einheitliches Aussehen.
3. Die entstandene Reinkultur kann auf anderen Platten oder in "Schrägagar-Röhrchen" weiter gezüchtet werden.

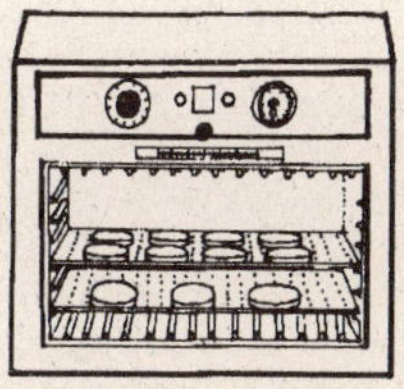

E. Abräumung des Experiments

1. Nach Beendigung des Experiments räumt euren Arbeitsplatz auf!

Wie man eine Reinkultur-Platte auswertet.

Wir führen ein Unterrichtsgespräch.

1. Wiederholt mündlich, was ihr in der letzten Stunde mit der Rohkultur-Platte gemacht habt.
2. Holt dann die beimpfte und bebrütete Reinkultur-Platte und arbeitet in der selben Arbeitsgruppe wie in der letzten Stunde.
3. Wie kann man eine Reinkultur-Platte auswerten?

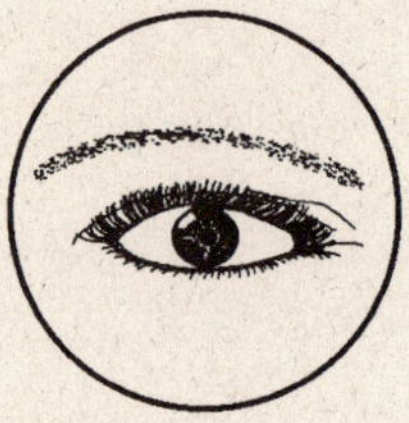

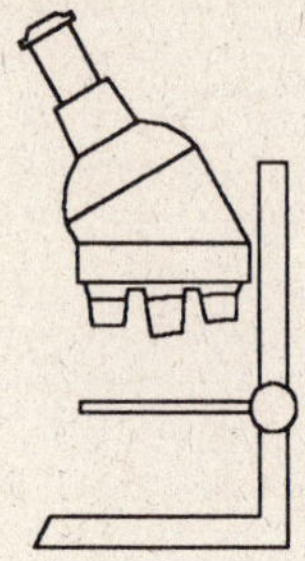

Wir untersuchen unsere Reinkultur-Platte makroskopisch und mikroskopisch.

Arbeitsmaterialien:

<u>Je Arbeitsgruppe (5 Schüler)</u>
Mikroskop
Okular
Objektträger
Deckglas
Kollehalter mit Impföse
Spiritusbrenner
Reagenzglas mit Wasser

<u>Gemeinsames Material</u>
Feuerzeug
Überimpfte Reinkultur-Platte von bekannten nichtpathogenen Mikroorganismen:
Platte mit Joghurtbakterien oder DSM Kultur

A. Makroskopische Auswertung

Aufgabe:
1. Schaut euch eure Reinkultur-Platten an! Was stellt ihr fest?
2. Jeder Schüler der Gruppe zeichnet die Reinkultur-Platte *(Farbe erwünscht)*.
3. Jeder Schüler notiert die in der Gruppe erarbeiteten Beobachtungen.

Makroskopische Zeichnung der Reinkultur-Platte

Unsere Gruppen-Beobachtungen:

B. Mikroskopische Auswertung

Aufgabe
1. Stelle ein Deckglas-Flüssig-präparat (Vergl. S. 25) von dem Mikrobenmaterial einer Kolonie eurer Reinkultur-Platte her (wenig Material abnehmen, dann gut verdünnen).
2. Mikroskopiere (Vergrößerung ca. 600 x), zeichne und notiere deine Beobachtungen.

Mikroskopieren von: ______________________ ; **Maßstab der Zeichnung:**

Okularvergrößerung: ________ x ; **Objektivvergrößerung:** ________ x ; [:]

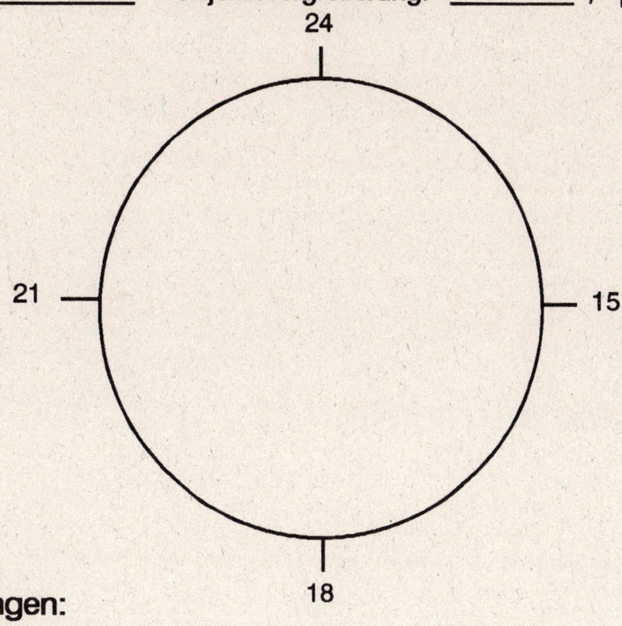

Deine Beobachtungen:

____

____

____

Gemeinsame Auswertung:

____

____

Fragen (Zu lösen im Unterrichtsgespräch):

1. Was versteht man unter dem Begriff "Überimpfen"?

____

2. Überlege, was bei der "Strichverdünnungs-Methode" mit dem Mikrobenmaterial passiert!

____

____

3. Nennt Ursachen, die das Entstehen einer Reinkultur verhindern!

____

____

Händewaschen ist Basishygiene.

Wir diskutieren über den Satz:

"Vor der Toilette und nach dem Essen, Händewaschen nicht vergessen!"

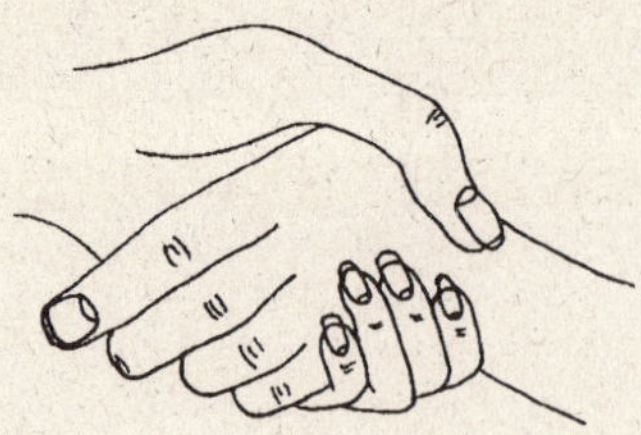

Wir wollen die Wirkung von Hygiene an unseren Händen mikrobiologisch untersuchen.

Aufgabe: Überlegt einen Versuch, wie man die Wirkung von Handhygiene nachweisen kann.

Arbeitsmaterialien:

Je Arbeitsgruppe (4 Schüler)
2 Petrischalen, sterilisiert
2 Reagenzgläser mit sterilem Nährboden und Alukappen
1 Einmal-Handtuch oder Einmal-Papiertuch

Gemeinsames Material
Heizgerät
Becherglas (600 ml) mit Wasser
Stift
Sterilisationsschrank (Brutschrank)

Nachweis von Mikroorganismen auf ungewaschenen und gewaschenen Händen

A. Vorbereitung 1. Sterilisiert 2 Petrischalen, mind. 30 min / 180°C ! 2. Zwischendurch reverflüssigt den Nährboden (siehe Arbeitsanweisung S. 35). 3. Gießt den flüssigen Nährboden in die beiden sterilen Petrischalen aus (siehe Arbeitsanweisung S. 37). 4. Laßt den Nährboden in den Petrischalen erkalten.	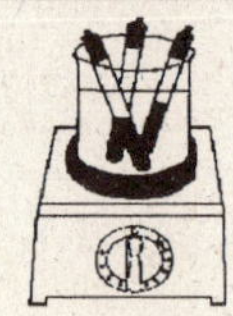 
B. Beimpfung der 1. Platte 1. Ein Schüler setzt *alle fünf Finger der rechten ungewaschenen Hand* auf den Nährboden der Petriplatte. 2. Beschriftet die Platte.	
C. Händewaschen 1. Derselbe Schüler reinigt seine Hände gründlich (2 min) mit Seife. 2. Danach trocknet er die Hände gut mit einem Einmal-Handtuch oder einem Papiertuch ab.	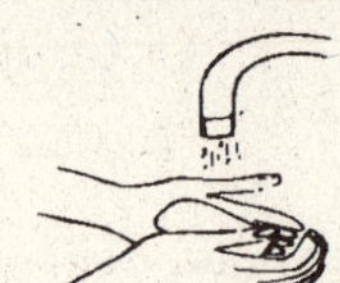
D. Beimpfung der 2. Platte 1. Der Schüler setzt wieder *alle fünf* Finger der *gewaschenen* rechten Hand auf die Platte. 2. Beschriftet die Platte.	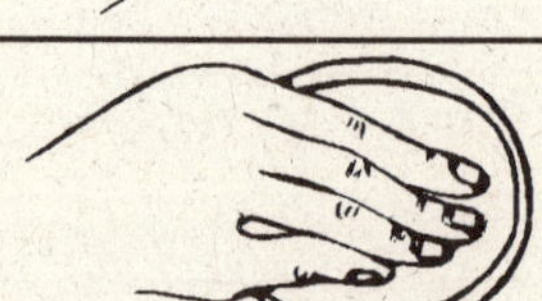
E. Bebrütung 1. Bebrütet die beiden Platten mindestens 24 h bei 36°C umgedreht im Brutschrank. 2. In der nächsten Stunde kontrolliert ihr beide Platten.	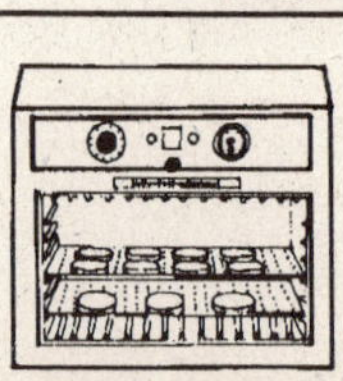

Makroskopische Auswertung (Nächste Stunde)

Aufgabe:
1. Wiederholt mündlich das Thema der letzten Stunde!
2. Holt die Platten! Was stellt ihr fest?
3. Zeichnet die Platten (*farbig*), notiert eure Beobachtungen!
4. Platten nicht öffnen: ***Infektionsgefahr!***

I. Petriplatte mit Abdruck der ungewaschenen Hand

II. Petriplatte mit Abdruck der gewaschenen Hand

Eure Beobachtungen (Gruppenarbeit):

Gemeinsame Auswertung:

Fragen (Bearbeitung in 2-er Gruppe):

1. Was versteht ihr unter Hygiene?
2. Wie können pathogene (d.h. krankmachende) Mikroorganismen übertragen werden?
3. Wie kann man die Übertragung von pathogenen Keimen verhindern?
4. Welchen Vorteil bieten Einmal-Papierhandtücher?
5. Nenne Maßnahmen, wie man sein eigenes Hygieneverhalten verbessern kann:

Desinfektion - ein möglicher Schutz vor Infektionen

Wir führen ein Unterrichtsgespräch.

1. Was versteht man unter "Desinfektion"?
2. Wie könnte man die Wirkung von Desinfektionsmitteln nachweisen?

Wir untersuchen die Wirkung von Desinfektionsmitteln.

Arbeitsmaterialien:

<u>Je Arbeitsgruppe (4 Schüler)</u>
2 Petrischalen, sterilisiert
2 Reagenzgläser mit Mikrobennährboden und Alukappen
1 Handtuch

<u>Gemeinsames Material</u>
Sterilisationsschrank (Brutschrank)
Heizgerät
Becherglas ca. 300 ml, mit Wasser
Mikrobenmaterial (z.B. aus der Luft)
<u>Selbst mitzubringen:</u>
Desinfektionsmittel im Zerstäuber

Nachweis der Wirkung von Desinfektionsmitteln auf Mikroorganismen

A. Vorbereitung 1. Sterilisiert 2 Petrischalen mind. 30 min / 180°C. 2. Zwischendurch reverflüssigt den Mikrobennährboden (siehe Arbeitsanweisung S. 35). 3. Gießt den flüssigen Mikrobennährboden in die beiden sterilisierten Petrischalen aus (siehe Arbeitsanweisung S. 37). 4. Laßt den Nährboden in den Petrischalen erkalten.	
B. Beimpfung 1. ***Öffnet*** die Oberschale ***beider*** Petriplatten mit Nährboden für jeweils *5 min* (Infektion der Mikroben aus der Luft!), siehe Zeichnung.	
C. Behandlung mit Desinfektionsmittel 1. ***Schließt*** eine Platte mit dem Deckel der Oberschale und beschriftet diese Platte mit: "Ohne Desinfektionsmittel" und eurem Gruppenzeichen. 2. Stellt die Platte zur Seite. 3. ***Sprüht*** auf den gesamten Nährboden in der ***anderen*** Petriunterschale mit Hilfe eines Zerstäubers gleichmäßig in einer dünnen Schicht des ***Desinfektionsmittels***. 4. Schließt die Platte, beschriftet sie.	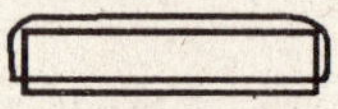 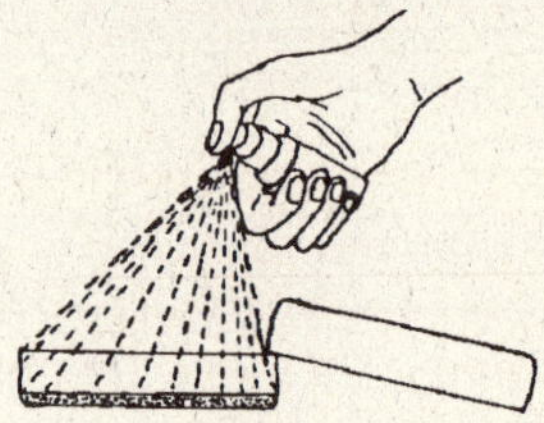
D. Bebrütung 1. Bebrütet die unbehandelte und die Desinfektionsmittel-Platte mindestens 24 h bei 36°C umgedreht im Brutschrank. (wenn möglich in 2 getrennten Brutschränken; möglich ist auch die Bebrütung über eine Woche bei Zimmertemperatur) 2. In der nächsten Stunde kontrolliert ihr beide Platten.	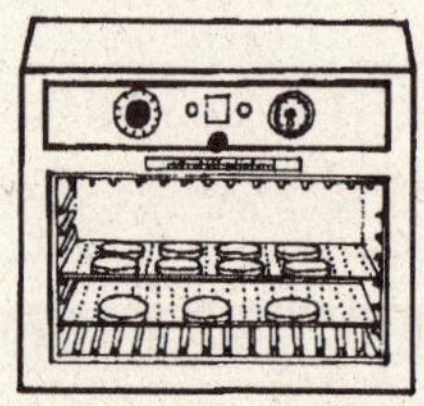
E. Abbau des Experiments	

Makroskopische Auswertung (Nächste Stunde)

Aufgabe:
1. Wiederholt mündlich das Thema der letzten Stunde!
2. Holt die Platten! Was stellt ihr fest?
3. Zeichnet die Platten *(farbig)*, notiert eure Beobachtungen!
4. Platten nicht öffnen: *Infektionsgefahr*!

I. Petriplatte ohne Desinfektionsmittel

II. Petriplatte mit Desinfektionsmittel

Eure Beobachtungen (Gruppenarbeit):

Gemeinsame Auswertung:

Fragen (Bearbeitung in 2-er Gruppe; Hilfsmittel: das Lexikon):

1. Erkläre den Begriff "**Desinfektion**".

2. Was versteht man unter "**Desinfektionsmittel**"?

3. Nenne Bereiche, wo Desinfektionsmittel eingesetzt werden:
   a) Am menschlichen Körper
   b) sonstige Verwendung

4. Welche **Desinfektionsmittel** kennst du?

Tränen - eine interessante Körperflüssigkeit

Wir führen ein Unterrichtsgespräch.

1. Was wißt ihr über Tränen?
2. Wir wollen die Wirkung der Tränenflüssigkeit auf Mikroorganismen untersuchen. Überlegt, wie ihr das Experiment durchführen könnt!

Wir untersuchen die Wirkung unserer Tränen auf Mikroorganismen.

Arbeitsmaterialien:

Je Arbeitsgruppe (5 Schüler)
2 Petrischalen , sterilisiert
2 Reagenzgläser mit sterilem Mikrobennährboden und Alukappen
1 Impföse mit Stativ
1 Spiritusbrenner
1 Handtuch

Gemeinsames Material
Heizgerät
Becherglas (600 ml) mit Wasser
Sterilisationsschrank (Brutschrank)
1 Petriplatte mit bekannten nichtpathogenen Mikrobenkolonien: Platte mit Joghurtbakterien oder DSM Kultur

Selbst mitzubringen:
Feuerzeug
kleine Zwiebel
Messer mit Schneideunterlage

Nachweis der Wirkung von Tränenflüssigkeit auf Mikroorganismen

A. Vorbereitung 1. Sterilisiert zwei Petrischalen bei mind. 30 min /180°C. 2. Zwischenzeitlich reverflüssigt den Mikrobennährboden (siehe Arbeitsanweisung S.35). 3. Gießt den flüssigen Nährboden in die sterilisierte Petrischalen aus (siehe Arbeitsanweisung S.37). 4. Laßt den Nährboden in den Petrischalen erkalten.	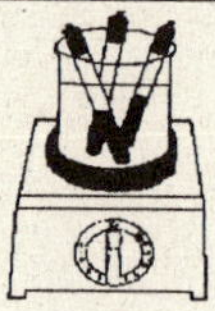
B. Mikrobenkolonie – Entnahme 1. Nehmt den Kollehalter mit der Impföse. 2. Glüht die Impföse aus, laßt sie erkalten. 3. Entnehmt mit der *erkalteten* Impföse *vorsichtig* (nur von der Kolonieoberfläche!) etwas Mikrobenmaterial von der Joghurt-Petriplatte. *Achtung:* Nährboden nicht "umgraben"!	
C. Beimpfung beider Platten 1. Streicht - siehe Abbildung - vorsichtig das an der Impföse befindliche Mikrobenmaterial auf beide sterile Nährbodenplatten. 2. Sterilisiert die Impföse, stellt sie in das Stativ.	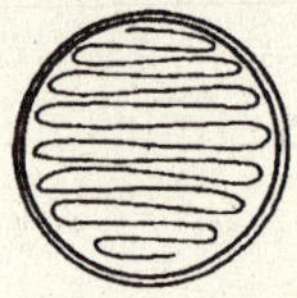
D. Tränenproduktion und Zugabe zu einer Platte 1. Ein Schüler zerhackt mit dem Messer die Zwiebel. 2. *Wichtig*: Der Kopf bleibt *dicht* über der Zwiebel. 3. Ein Mitschüler hält *eine* beimpfte Platte so *unter* das Gesicht des "Zwiebelschneiders", daß eine Träne nach Möglichkeit direkt auf eine beimpfte Platte fällt. 4. Die andere beimpfte Platte erhält *keine* Tränen.	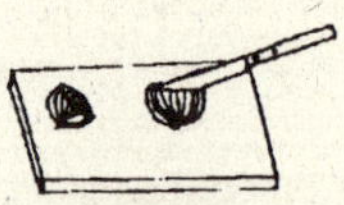
E. Beschriften / Bebrüten (36°C, mind. 24 h)/ Experiment-Abbau	

Makroskopische Auswertung (Nächste Stunde)

Aufgabe:
1. Wiederholt mündlich das Thema der letzten Stunde!
2. Holt eure "Tränen-Platten! Was stellt ihr fest?
3. Zeichnet die Platten *(farbig)*, notiert eure Beobachtungen!
4. Platten nicht öffnen: *Infektionsgefahr*!

Bebrütete Petriplatte mit Mikroben ohne Tränenzugabe

Bebrütete Petriplatte mit Mikroben und Tränenzugabe

Gemeinsame Auswertung:

Fragen (Bearbeitung in 2-er Gruppe):

1. Welche Aufgaben haben Tränen im menschlichen Körper?

2. Welchen Nutzen hat die antibakterielle Wirkung von Tränen?

3. Warum tränt das Auge beim Schälen von Zwiebeln?

4. Produziert unser Körper noch andere Körperflüssigkeiten, die eine ähnliche regulierende Wirkung auf Mikroorganismen besitzen?

Die Wirkung von Antibiotika auf Mikroorganismen

Wir führen ein Unterrichtsgespräch.

Redet über Alexander Fleming (siehe S. 81) und definiert den Begriff "Antibiotikum".

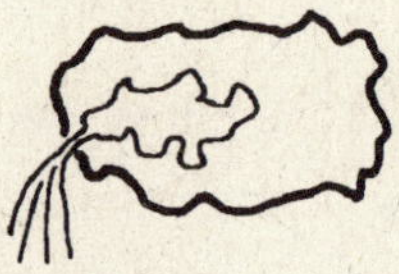

Wir wollen die Wirkung von Antibiotika auf Mikroorganismen untersuchen. Überlegt dazu einen Versuch.

Arbeitsmaterialien :

<u>Je Arbeitsgruppe (5 Schüler)</u>
1 Reagenzglas mit sterilem Nährboden und Alukappe
1 Petrischale, sterilisiert
1 Petriunterschale
5 Konfettiplättchen aus Locher
1 Pinzette

<u>Gemeinsames Material</u>
Heizplatte
Becherglas (300 ml), mit Wasser
Handtuch

<u>Selbst mitzubringen</u>
Mikrobenmaterial (z.B. aus Luft)
Antibiotikumkapsel (Lehrerbesorgung)
Ethanol

Die Wirkung von Antibiotika auf Mikroorganismen

A. Reverflüssigen des sterilen Nährbodens 1. Reverflüssigt den Nährboden laut Arbeitsanweisung S.35. Während der Reverflüssigung bereitet ihr die Konfettiplättchen mit dem Antibiotikum vor.	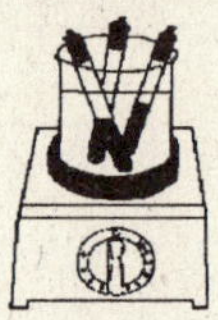
B. Tränken und Sterilisieren des Konfettis mit Antibiotika 1. Entnehmt aus einem Locher 5 Konfettiplättchen! 2. Gebt diese in eine Petriunterschale! 3. Öffnet die Kapsel des Antibiotikums und gebt das Antibiotikumpulver in die Petriunterschale. 4. Füllt etwas Ethanol in die Schale, mischt mit der Pinzette das Ethanol mit dem Pulver und taucht die Konfettiplättchen in diese Antibiotikumlösung gut ein! 5. Gießt die Lösung vorsichtig ab! *Wichtig:* ganz abgießen 6. Stellt die Unterschale in den Sterilisationsschrank und sterilisiert das Antibiotika-Konfetti bei 120°C mind. 30 min! 7. Sterilisiert gleichzeitig eine Petrischale und die Pinzette.	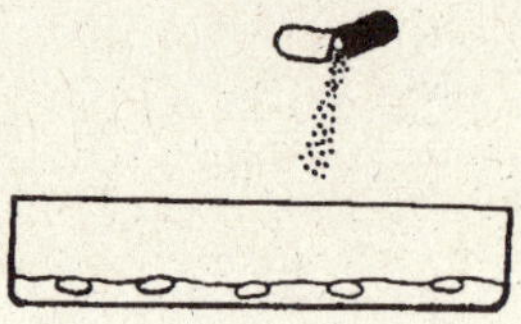 
C. Ausgießen des flüssigen Nährbodens 1. Wendet hierzu Arbeitsanweisung auf S.37 an!	
D. Beimpfen des Nährbodens mit Mikrobenmaterial 1. Verfahrt hierbei lt. Arbeitsanweisung auf S.37!	
E. Antibiotika-Konfetti auf beimpfte Platte geben 1. Wenn der beimpfte Nährboden erkaltet ist, legt mit der Pinzette 5 sterile Konfettiplättchen mit Antibiotikum getränkt auf verschiedene Stellen des Nährbodens!	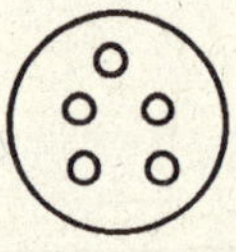
F. Bebrüten der Antibiotikum-Platten 1. Bebrütet die beimpften Petriplatten mit den Antibiotika-Plättchen bei 36°C 24h im Brutschrank!	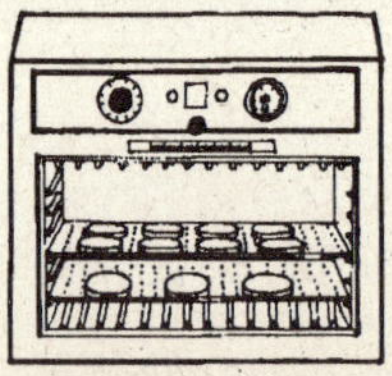

Makroskopische Auswertung der Antibiotika-Platten (Nächste Stunde)

Aufgabe:
1. Wiederholt, was ihr in der letzten Stunde gemacht habt!
2. Holt die Antibiotika-Platten! Was stellt ihr fest?
3. Zeichnet die Platten (*farbig*), notiert eure Beobachtungen!
4. Betrachtet die Abbildung (Reihe 3) auf der Rückumschlagseite eures Kursheftes.
5. Platten nicht öffnen: *Infektionsgefahr*!

Zeichnung der beimpften und bebrüteten Antibiotika-Platte

Eure Beobachtungen (Gruppenarbeit):

____

____

____

Was ist auf der Platte passiert?

____

____

____

Gemeinsame Auswertung:

____

____

Die Antibiotika-Wirkung von Penicillin auf ein Stäbchen-Bakterium

(zeichnerische Darstellung)

Zeichnung des Stäbchens Das Stadium	______	______	______
Was geschieht mit dem Stäbchen?	______ ______ ______ ______	______ ______ ______ ______	______ ______ ______ ______
Vermehrungsfähig: Ja/Nein	______	______	______

Fragen (Lösung im Unterrichtsgespräch):

1. Erkläre den Begriff "Resistenzbildung" und ihre Auswirkung!

____

____

____

____

2. Wie kann man einer "Resistenzbildung" vorbeugen?

____

3. Was kann passieren, wenn das Medikament zu früh abgesetzt wird?

____

Mikroorganismen erregen Geschlechtskrankheiten.

Zu eurer Information

Geschlechtskrankheiten gehören zu den Infektionskrankheiten. Die Krankheitserreger- Bakterien und tierische Einzeller - dringen über die Geschlechtsorgane von Frau und Mann in den Körper ein. Die feuchten Schleimhäute in den Geschlechtsorganen bieten ideale Lebensbedingungen für diese Mikroorganismen.
Der Geschlechtsverkehr stellt eine Möglichkeit zur Übertragung und Ausweitung von Geschlechtskrankheiten dar.

Wir lernen Geschlechtskrankheiten, die Symptome und Übertragungsmöglichkeiten sowie ihre Verhütung kennen.

Aufgabe: (Bearbeitung in 2-er Gruppe)
Erarbeitet mit Hilfe von Büchern (Bibliothek) folgende Tabelle!
Mikroskopiert danach das Mikropräparat: Gonorrhoe

Geschlechtskrankheiten: Erreger und Erkennungsmerkmale

Geschlechtskrankheit	Erreger	Erkennungsmerkmal
1. Tripper (Gonorrhoe)		Beim Mann: ______ ______ Bei der Frau: ______ ______
2. Syphilis (Lues)		1.Stadium (etwa 3 Wochen nach Ansteckung): ______ ______ ______ 2.Stadium (Frühsyphilis: 1-3 Jahre nach Ansteckung) ______ ______ ______ 3.Stadium (Spätsyphilis: 5-20 Jahre nach Ansteckung) ______ ______ ______ ______

Arbeitsmaterialien:

<u>Je Arbeitsgruppe (2 Schüler)</u>
Mikroskop
Okular

<u>Gemeinsames Material</u>
Mikropräparat Gonorrhoe
Dia: Syphiliserreger

Mikroskopische Untersuchung

Aufgabe: Mikroskopiert das Mikropräparat, zeichne das mikroskopierte Bild (Ausschnitt) und beschrifte deine Zeichnung (Vergl. dabei mit Tabelle "Aussehen von Mikroorganismen", S. 78).

Mikroskopieren von: ______________________ ; **Maßstab der Zeichnung:**

Okularvergrößerung: ________ x ; **Objektivvergrößerung:** ________ x ; [:]

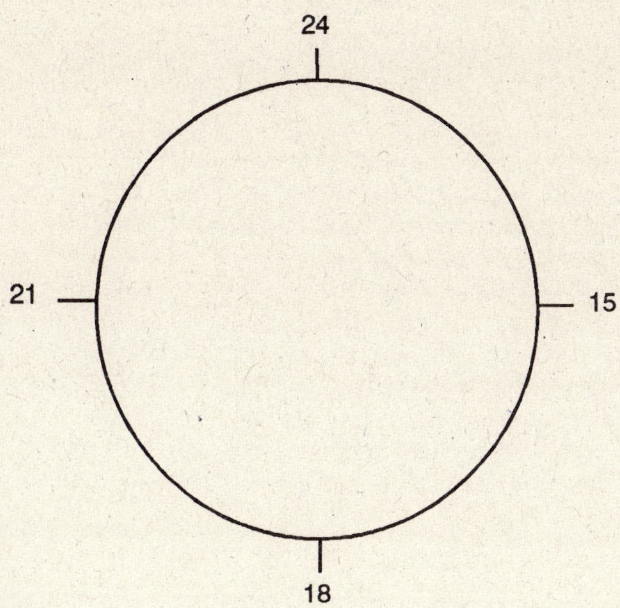

Eigene Beobachtungen:

____

Gemeinsame Auswertung:

____

Fragen (zu bearbeiten in 2-er Gruppe):

1. Wie kann es zur Übertragung von Geschlechtskrankheiten kommen?

____

2. Wie hat man sich bei Veränderungen an Geschlechtsorganen zu verhalten?

____

3. Warum ist das frühzeitige Erkennen von Geschlechtskrankheiten für die Heilung und die Verhinderung weiterer Ansteckung von Bedeutung?

____

____

4. Viele Menschen unterschätzen Geschlechtskrankheits-Symptome! Warum?

____

____

5. Diskutiert über die ärztliche Schweigepflicht!

____

Hefepilze erzeugen Gas und Alkohol.

Zu eurer Information:

Viele Mikroorganismen sind der Natur und dem Menschen von großem Nutzen. Heute wollen wir uns mit den Mikroorganismen beschäftigen, die Alkohol produzieren und beim Backen unersetzlich sind. Kennt ihr diese?

Wir untersuchen die Stoffwechseltätigkeit der Hefepilze.

Wissenswertes über Hefepilze

Hefepilze sind bewegungslose, ellipsoide oder rundliche einzellige Mikroorganismen. Sie besitzen eine Zellwand, Protoplasma aus Eiweiß mit eingelagerten Fettkügelchen und großem Saftraum (Vakuole) sowie einen echten Zellkern. Die Vermehrung geschieht durch Sprossung: An einer Stelle tritt eine Wölbung auf, es bildet sich eine Tochterzelle. Sie bekommt einen Teil des Zellkerns. Nach dem Größerwerden bildet sich eine Querwand zwischen Mutter- und Tochterzelle. Manche Hefepilzarten vermehren sich auch durch Sporenbildung. Einige Hefepilzarten können Zucker zu Alkohol und Kohlendioxid vergären. (Weitere Information auf S. 78.)

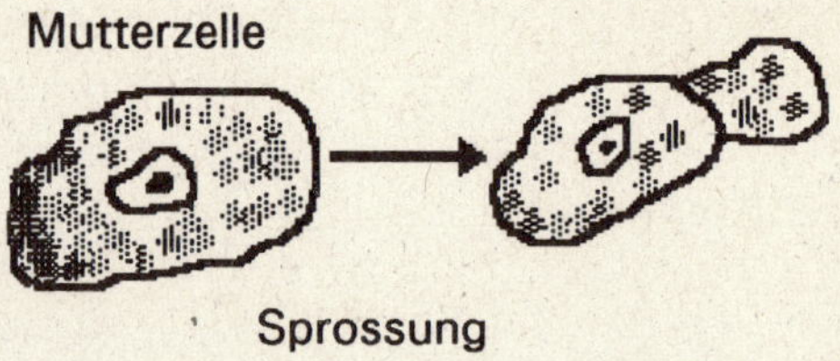

Aufgabe: 1. Hefepilze erzeugen das Gas Kohlendioxid. Plant mit Lehrerhilfe einen Versuch! Wie könnte man das entstehende Gas nachweisen?

Arbeitsmaterialien:

<u>Je Arbeitsgruppe (6 Schüler)</u>

Becherglas (ca. 400 ml) mit ca. 10°C warmem Wasser
Rührstab
Heizplatte
Thermometer

1 Erlenmeyerkolben (ca. 200 ml)
1 Gasableitungsschlauch
1 Stopfen (2 Loch)
1 Becherglas (ca. 100 ml) mit Kalkwasser

<u>Gemeinsames Material</u>

2 Messer
1 Flasche mit ca. 200 ml Kalkwasser
Dia: Hefepilz aus Experimentier-Box

<u>Selbst mitzubringen:</u>

Hefewürfel (aus Bäckerei)
1 Glas Honig
1 Löfel

Hefepilze erzeugen das Gas Kohlendioxid

A. Einmischen des Hefewürfels

1. Füllt das Becherglas mit ca. 200 ml ca. 10° warmem Wasser, gebt 2 Löfel Honig hinzu und mischt alles gut ein!
2. Teilt den Hefewürfel und gebt eine Hälfte ins Becherglas!
3. Mischt sie mit dem Rührstab gut ins Wasser ein!

B. Versuchsaufbau

1. Füllt das Honig-Hefe-Wasser-Gemisch fast *randvoll* in den Kolben!
2. Verschließt den Erlenmeyerkolben mit dem Stopfen!
3. Stellt den Erlenmeyerkolben auf die Heizplatte!
4. Steckt das Thermometer in eine Stopfenöffnung!
5. Steckt den Ableitungsschlauch in die andere Stopfenöffnung!
6. Führt den Ableitungsschlauch in das Kalkwasser!

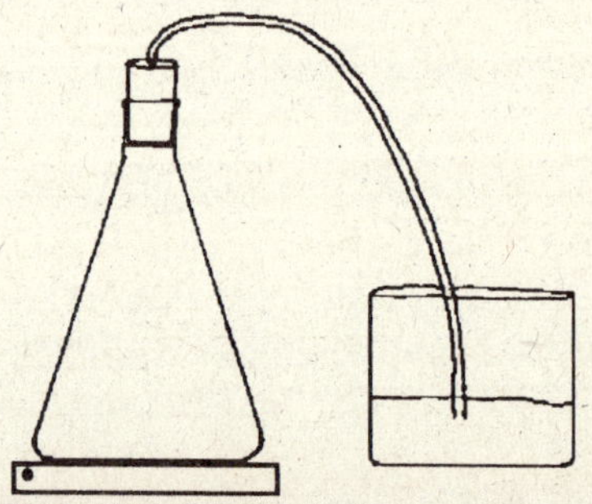

C. Versuchs-Aufgabe

1. Beobachtet und notiert, was passiert!
2. Erwärmt das Gemisch auf der Heizplatte! - Was stellt ihr bei den einzelnen Temperaturstufen fest? Notiert!

Temperaturstufen	Beobachtung dabei:	Kalkwasser-Auswertung
10°C		
20°C		
30°C		
50°C		
80°C		

3. Gemeinsame Auswertung

Aufgabe: Plant zusammen mit eurem Lehrer einen Versuch, wie man mit Hilfe von Hefepilzen Alkohol herstellen kann!

Hefepilze erzeugen Alkohol

Arbeitsmaterialien:

Je Arbeitsgruppe (6 Schüler)

1 Erlenmeyerkolben (ca. 300 ml)
1 Watte-Verschluß
1 Becherglas (ca. 600ml)
mit ca. 30°C warmem Wasser

1 Rührstab
1 Thermometer
1/2 Hefewürfel

Gemeinsames Material

Brutschrank

Selbst mitzubringen:

Packung Watte
1 Glas Honig
1 Löffel

Arbeitsanweisung:

1. Mischt 4 Eßlöffel Honig in ein Becherglas mit ca. 0,5 l ungefähr 30°C warmem Wasser mit Hilfe des Rührstabes *gut ein!*
2. Gebt danach die andere Hälfte des Hefewürfels in das Gemisch.
3. Vermischt alles gut mit dem Rührstab!
4. Gebt dann die Mischung aus Honig-Wasser-Hefepilz in den Kolben.
5. Verschließt den Erlenmeyerkolben mit einem Verschluß aus Watte.
6. Stellt ihn bis zur nächsten Stunde bei 30°C in den Brutschrank.
7. Wertet danach aus!

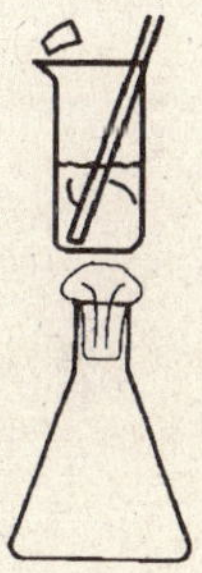

Eure Auswertung (nächste Stunde, gleiche Arbeitsgruppe)

Aufgabe: 1. Betrachtet den Erlenmeyerkolben! Was stellt ihr fest? Notiert!

2. Riecht an der Probe! Was riecht ihr?

Achtung! Die angesetzte Probe darf aus Sicherheitsgründen nicht probiert werden!

Fragen (Lösung im Unterrichtsgespräch):

1. Schreibt eine chemische Wortgleichung für den Hefepilz-Stoffwechsel!
2. Was bewirkt die Stoffwechseltätigkeit der Hefepilze im Kuchenteig?
3. Informiert euch über den Nutzen der Hefepilze!

Wir lernen Schimmelpilze kennen.

Wir führen ein Unterrichtsgespräch.

1. Was wißt ihr über Schimmelpilze und Penicillin?
2. Wo kommen Schimmelpilze vor?
3. Überlegt, wie man Schimmelpilze näher untersuchen kann!

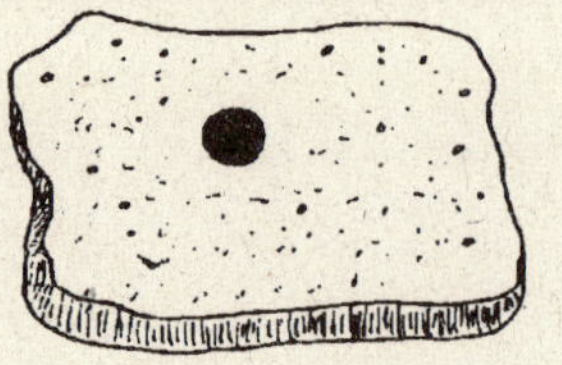

Wir untersuchen makroskopisch und mikroskopisch das Aussehen von Schimmelpilzen

Wissenswertes über Schimmelpilze

Aufgabe: Versucht, etwas über Schimmelpilze herauszufinden! Bearbeitet die Fragen zu zweit, Hilfsmittel ist S. 78 im Kursheft!

1. Welche Bedeutung haben Schimmelpilze für den Menschen und die Umwelt?

____

____

2. Nenne Lebensbedingungen, die Schimmelpilze brauchen!

____

3. Wie vermehren sich Schimmelpilze?

____

____

Makroskopische Auswertung

A. Mit dem Auge:

Aufgabe: Beschreibt und zeichnet, was ihr seht!

____

____

____

____

B. Mit der Lupe:

Aufgabe: Beschreibt und zeichnet, was ihr seht!

____

____

____

____

Arbeitsmaterialien:

Lehrerexperiment

1 Impföse
1 Stativ
1 Becherglas (ca. 100 ml) mit Wasser

2 Objektträger
2 Deckgläser
1 Spiritusbrenner
Mikroskop
Okular
Feuerzeug

Der Lehrer setzt an:
Verschimmeltes Brot in verschlossener Petrischale
Dia: Schimmelpilz aus Experimentier-Box

Vorsicht: Beim Mikroskopieren von Schimmelpilzen darf die Petrischale mit dem verschimmelten Brot nicht geöffnet werden. Deswegen zeigt euch der Lehrer den mikroskopierten Schimmelpilz auf einem Dia oder über ein vom Lehrer selbst erstelltes *DeckglasFlüssigpräparat.*

Aufgabe:
1. Zeichnet einen Ausschnitt des Dias (Vergl. auch mit Abbildungen 2 und 3 auf Umschlagrückseite).
2. Beschriftet die Teile des Schimmelpilzes mit Hilfe eures Kursheftes S.78.

Schimmelpilz vom Dia

Unsere Beobachtungen:

Gemeinsame Auswertung:

Fragen (Bearbeitung in 2-er Gruppe):

1. Ein Brot ist nur etwas verschimmelt. Was macht ihr? Begründet.

2. Wie reinigt man Gefäße, in denen verschimmelte Nahrung war?

3. Warum ist es wichtig, mit Schimmelpilzen behaftete Gefäße sofort zu reinigen?

4. Warum soll man nach der gründlichen Reinigung die Gefäße gut trocknen?

5. Durch welche Maßnahmen könnt ihr Lebensmittel länger konservieren?

Wieviel Mikroorganismen befinden sich in 1g Boden?

Wir führen ein Unterrichtsgespräch.
Überlegt, wie man herausfinden könnte, wieviel Mikroorganismen in 1 g Erdboden enthalten sind!

Wir stellen genau fest, wieviel Mikroorganismen in 1 g Boden sind.

Aufgabe: Versucht, den Ablauf des Experiments mit Hilfe der Abbildungen zu erklären!

Versuchsaufbau zur quantitativen Bestimmung von Mikroorganismen

Arbeitsmaterialien:

<u>Je Arbeitsgruppe (5 Schüler)</u>
2 Reagenzgläser mit sterilem Nährboden und Alukappen
2 Petrischalen, sterilisiert
4 Pipetten (1/0,1 ml), sterilisiert
4 Reagenzgläser, sterilisiert mit je 10 ml dest. Wasser, danach mit Gummistopfen verschlossen
1 Reagenzglasständer
1 Spiritusbrenner
1 Filterpapier
1 Pipette (ca.10 ml)
1 Peleus-Ball
1 Papierbogen DIN-A 4

<u>Gemeinsames Material</u>
Heizgerät
Becherglas (ca. 600 ml) mit Wasser gefüllt
Waage
Sterilisationsschrank (Brutschrank)
Behälter mit dest. Wasser
Spatel
Feuerzeug
Stift
<u>**Selbst mitzubringen:**</u>
Bodenprobe im Marmeladenglas

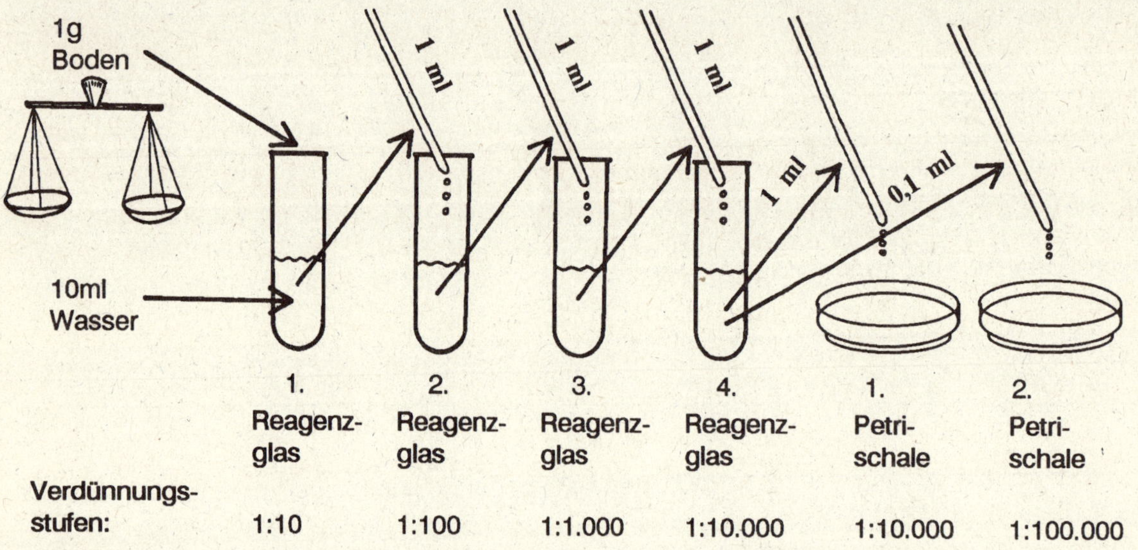

Fragen (Zu bearbeiten in 2-er Gruppe):

1. Welche Aufgaben haben die Mikroorganismen im Boden?

____

____

____

Feststellung der Gesamtzahl von Mikroorganismen

Vorbereitende Tätigkeiten (1 Stunde vorher)

I. Vorbereiten der Verdünnungs-Reagenzgläser

1. Setzt 4 Reagenzgläser in ein Reagenzglasstativ.
2. Füllt in jedes Reagenzglas 10 ml dest. Wasser.
3. Stellt das Stativ in den Sterilisationsschrank.
4. Auf jedes Reagenzglas legt *locker* einen Stopfen.
5. Sterilisiert 2 Stunden bei 120°C. (Zugöffnung zu!)
6. Danach Reagenzgläser im Schrank *sofort* verschließen!
7. Beschriftet die Reagenzgläser mit Zahlen 1. bis 4.

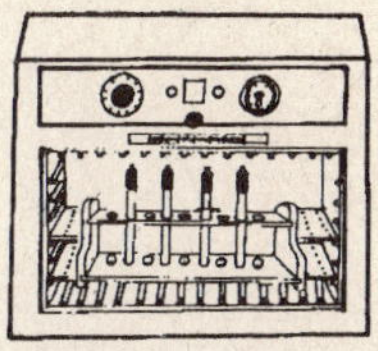

II. Pipetten- und Petrischalensterilisation

1. Teilt ein DIN-A 4 Papierblatt in zwei Hälften.
2. Wickelt (siehe Abbildung) je eine Hälfte des Papierbogens fest um die beiden Pipettenenden.
3. Verschließt beide Pipettenenden durch Umknicken der überstehenden Papierhülsen.
4. Sterilisiert die eingepackten Pipetten bei 120°C/ 2h.
5. Sterilisiert zeitgleich 2 Petrischalen.

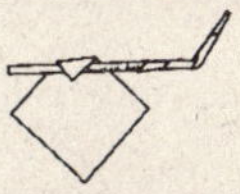

Versuchsablauf der Stunde

I. Reverflüssigen des Nährbodens

1. Reverflüssigt den Nährboden (siehe Arbeitsanweisung S.35).
2. Haltet den Nährboden im Sterilisationsschrank bei ca. 40°C bis zum Ausgießen in die Petrischalen flüssig.

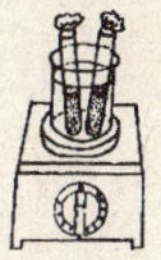

II. Abwiegen der Bodenprobe

1. Knickt das Filterpapier 2 x über Kreuz.
2. Legt es auf die Waagschale.
3. Gebt mit dem Spatel Bodenmaterial auf das Filterpapier.
4. Wiegt 1 g Boden ab.

III. Herstellung der Verdünnungsstufen (siehe Abbildung)

1. Entzündet die Brennerflamme.
2. Öffnet über der Flamme das 1. Reagenzglas.
3. Gebt schnell 1 g Bodenprobe hinein. ***Verschließt sofort!***
4. Mischt die Probe durch ***einminütiges*** Schütteln!
5. Entnehmt mit der ersten sterilen Pipette (erst ***kurz*** vor Gebrauch Papierhülsen entfernen) 1 ml Probelösung. Arbeitet dabei in Flammennähe!
   Achtung: Beim Pipettieren immer Peleus-Ball verwenden!
6. Gebt diese 1 ml Lösung in das 2. Reagenzglas. Schüttelt.
7. Nehmt eine ***neue*** Pipette, nehmt 1 ml aus dem 2. Reagenzglas und gebt diesen in das 3. Reagenzglas, schüttelt gut ... usw. bis zum Reagenzglas 4.

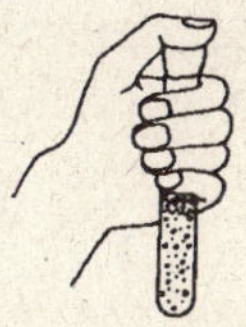

IV. Beimpfen der Petrischalen

1. Beschriftet die beiden sterilisierten Petrischalen mit:
   a. 0,1 ml/1:100 000 und Gruppe b. 1 ml/1:10 000 und Gruppe.
2. Ein Schüler entnimmt mit der letzten sterilen Pipette 1 ml Lösung aus dem 4. Reagenzglas (Verdünnung 1:10 000).
3. Ein anderer Schüler hebt die Petrioberschale "1 ml" etwas an.
4. Der Schüler mit der Pipette läßt jetzt - ohne mit der Pipette den Nährboden zu berühren - den 1 ml in die Unterschale. Schale ***sofort*** wieder ***verschließen***!
5. Gebt auf gleiche Art die 0,1 ml in die "0,1" ml Platte.

Siehe Versuchsaufbau auf der Seite gegenüber

V. Zugabe von Nährboden (Plattengießen)

1. Gießt den ca. 40°C heißen Nährboden in die Platte ***über*** die Lösung.
2. Vermischt die Bodenlösung mit dem Nährboden durch ***vorsichtiges*** Anheben und Schwenken der Platte.

VI. Bebrüten und Auswerten

1. Bebrütet die Platten mindestens 24 h bei 36°C umgedreht.
2. ***Auswerten***:
   Zählt die Mikrobenkolonien (siehe Arbeitsanweisung S. 41) und multipliziert die gefundene Zahl mit dem Verdünnungsfaktor. So erhaltet ihr die Gesamtzahl der Mikroorganismen in 1 g Boden!

Einzeller im Ökosystem Gewässer

Wir lesen gemeinsam:

"Der Wassertropfen"
Von Hans Christian Andersen

Du kennst doch sicher ein Vergrößerungsglas, so ein rundes Brillenglas, das alles hundertmal größer macht, als es ist? Wenn man es nimmt und vor das Auge hält und einen Wassertropfen vom Teich draußen anschaut, dann sieht man über tausend wunderliche Tiere, die man sonst nie im Wasser sieht, aber sie sind da und es ist Wirklichkeit. Es sieht fast so aus wie ein ganzer Teller voll kleiner Krebse, die durcheinanderspringen, und sie sind so grimmig, sie reißen einander Arme und Beine, Stücke und Teile ab und sind doch fröhlich und vergnügt auf ihre Art.
Nun war einmal ein alter Mann, den alle Leute Kribbel-Krabbel nannten, denn so hieß er. Er wollte stets bei einer jeden Sache das Beste herauskriegen, und wenn es gar nicht gelingen wollte, dann nahm er es mit Zauberei.
Nun sitzt er eines Tages und hält das Vergrößerungsglas vor das Auge und schaut einen Wassertropfen an, der draußen von einer Wasserpfütze im Graben genommen war. Nein, wie es da kribbelte und krabbelte! All die tausend Kleintiere hüpften und sprangen, zerrten aneinander und fraßen aneinander.
"Ja, aber das ist ja abscheulich!" sagte Kribbel-Krabbel, "kann man sie nicht dazu bringen, in Frieden und Ruhe zu leben, und daß jeder sich um das Seine kümmert?" Und er dachte und dachte, und es wollte nicht gelingen, und dann mußte er zaubern. "Ich muß ihnen Farbe geben, damit sie deutlicher werden können", sagte er, und dann goß er etwas wie ein Tröpfchen roten Weines in den Wassertropfen, aber es war Hexenblut, die allerfeinste Sorte zu zwei Schilling; und dann wurden all die wunderlichen Tiere rosenrot über den ganzen Körper, es sah aus wie eine ganze Stadt voll nackter Wilder.
"Was hast du da?" fragte ein anderer alter Zauberer, der keinen Namen hatte, und das war just das Feine an ihm.
"Ja, kannst du erraten, was es ist", sagte Kribbel-Krabbel, "dann werde ich es dir schenken; aber es ist nicht leicht herauszufinden, wenn man es nicht weiß."
Und der Zauberer, der keinen Namen hatte, schaute durch das Vergrößerungsglas. Es sah wirklich aus wie eine ganze Stadt, in der alle Menschen ohne Kleider herumlaufen! Es war scheußlich, aber noch scheußlicher war es zu sehen, wie der eine den anderen puffte und stieß, wie sie sich zwickten und zwackten, einander bissen und einander hervorzerrten. Was zuunterst war, wollte zuoberst sein, und was zuoberst war, wollte zuunterst sein. "Schau, schau! Sein Bein ist länger als meins. Platt, weg damit! Da ist einer, der eine kleine Beule hinter dem Ohr hat, eine kleine unschuldige Beule, aber sie quält ihn, und so soll sie noch mehr quälen!"- Und sie hackten nach ihm, und sie zerrten an ihm, und sie fraßen ihn um der kleinen Beule willen. Da saß einer so still wie eine kleine Jungfrau und wünschte bloß Frieden und Ruhe; aber dann mußte die Jungfrau hervor, und sie zerrten an ihr, und sie rissen an ihr, und sie fraßen sie!
"Das ist außerordentlich lustig!" sagte der Zauberer.
"Ja, aber was glaubst du, was es ist?" fragte Kribbel-Krabbel. "Kannst du es herausfinden?"
"Das ist doch leicht zu sehen", sagte der andere,"das ist ja Kopenhagen oder eine andere große Stadt, sie gleichen ja alle einander. Eine große Stadt ist es."
"Es ist Grabenwasser!" sagte Kribbel-Krabbel.

Fragen (Bearbeitung in 2-er Gruppe):

1. Kennt ihr Lebewesen, die in einem Wassertropfen leben?

___

2. Was erfahrt ihr in der Erzählung über das Zusammenleben der Lebewesen?

___

3. Versucht folgendes über Einzeller herauszufinden (Lexikon, Biologiebuch):

   a. Def. Einzeller (Protisten): ___

   b. Vorkommen der Einzeller: ___

   c. Wieviele Arten von Einzellern gibt es? ___

   d. Wovon ernährt sich z.B. ein Wimpertierchen?

___

Übersicht über Einzeller

Einzeller

Einzellige Algen

sind autotrophe Pflanzen,
sie können mit Hilfe der Licht-
energie aus anorganischen Stoffen
organische Stoffe herstellen.
(Es gibt auch mehrzellige Algen.)

Urtiere

sind Tiere, die sich
heterotroph ernähren.

Fragen (Bearbeitung in 2-er Gruppe, Hilfsmittel: das Lexikon):

1. Definiert die Begriffe :

   a. autotrophe Organismen : ______________________________

   b. heterotrophe Organismen: ______________________________

   c. organische Stoffe : ______________________________

   d. anorganische Stoffe : ______________________________

2. Warum werden die Algen den Pflanzen zugeordnet?

   ____

3. Warum werden die Urtiere den Tieren zugeordnet?

   ____

Übersicht über Urtiere

Stamm: Urtiere (Protozoa)

Klasse:	Klasse:	Klasse:	Klasse:
a. Geißeltiere	**b. Wurzelfüße**	**c. Strahlenfüßer**	**d. Wimpertiere**
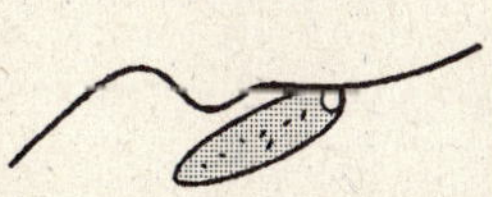	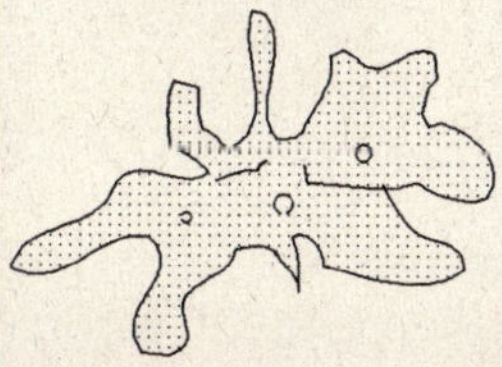	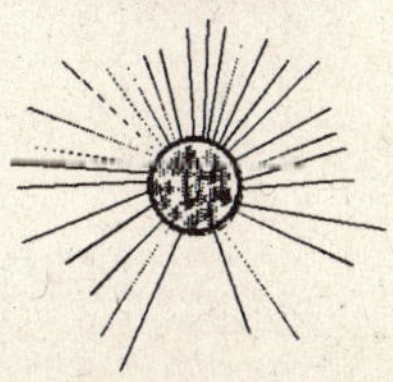	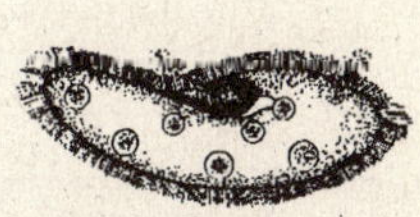

Fragen (Bearbeitung in 2-er Gruppe):

1. Womit bewegen sich einzelne Tierklassen fort?

   ____

2. Worauf beruhen die Namen der einzelnen Urtierklassen?

   ____

Das Leben der Einzeller miteinander

Beschreibung des Ökosystems Gewässer.

Die verschiedenen Einzeller im Gewässer leben keineswegs in friedlicher Harmonie miteinander. - Heute wollen wir die Wechselbeziehungen der Einzeller untereinander genauer untersuchen!

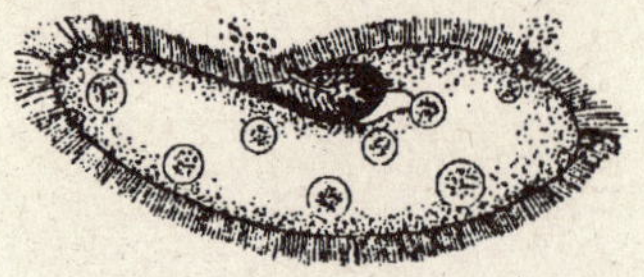

Wir untersuchen die Wechselbeziehungen der Einzeller im Gewässer.

Aufgabe: Betrachtet die Graphik und diskutiert den Nährstoff-Kreislauf im Gewässer!

Graphik: Der Nährstoff-Kreislauf im Gewässer

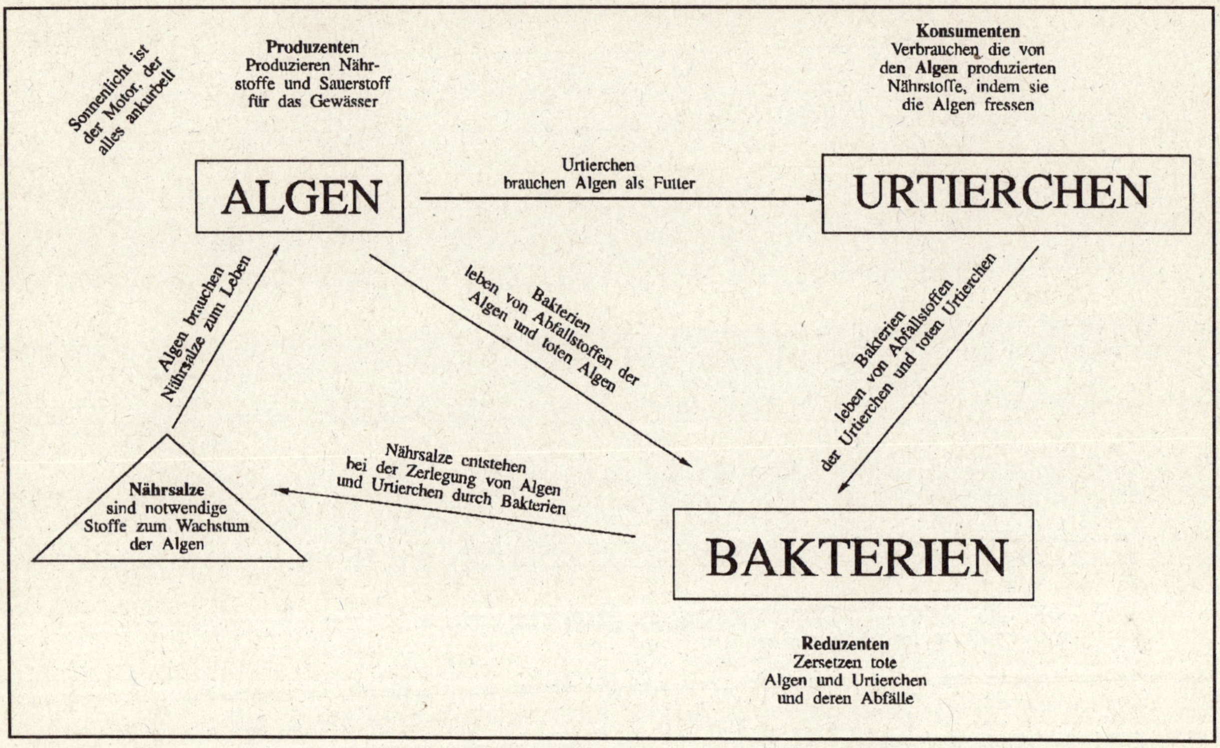

Fragen (Bearbeitet sie mit Hilfe obiger Graphik in 2-er Gruppen):

1. Wie verändert sich das Ökosystem, wenn:
   a. sehr viele Bakterien und Urtierchen im Gewässer sind?

   ____

   ____

   b. übermäßig viele Algen im Gewässer leben?

   ____

   ____

   ____

   ____

2. Durch welche menschlichen Einflüsse gibt es Störungen im Kreislauf?

   ____

   ____

Wir fangen bewegliche Einzeller.

Wir lesen:

Unter den Einzellern gibt es sehr viele, die sich selbst bewegen können.
Die sich selbst bewegenden Einzeller wollen wir fangen und in der nächsten Stunde mikroskopisch untersuchen.

Wir ziehen eine Gewässerprobe mit beweglichen Einzellern.

Aufgabe: Kennt ihr bereits bewegliche Einzeller (siehe Abbildungen im Umschlag des Kursbuches)? Womit bewegen sie sich? Überlegt, wie wir sie fangen könnten!

Wir ziehen eine Gewässerprobe mit beweglichen Einzellern.

A. Notwendiges Material (Je Schüler)

1. Glasgefäß mit verschraubbarem Deckel (keine Chemikalienreste!)
2. Plastiktüte (zum Transport)
3. Thermometer

B. Probeziehung

1. Das Wasser sollte einige Zentimeter *unter* der Wasseroberfläche entnommen werden.
2. Zur Probe gibt man etwas *Schlamm* von der Uferzone und einige Wasserpflanzen sowie größere Blätter.
   Achtung:
   a. Den Behälter nur zu 3/4 füllen, Sauerstoffgehalt muß stimmen!
   b. Probe erst einen Tag vor dem Unterricht entnehmen, da sonst die Einzeller gefressen werden!

C. Aufbewahren der Probe

1. Bei Raumtemperatur, nicht im Sonnenlicht!

D. Notiert eure Probedaten!

a. Fundstelle: ______________________

b. Datum der Probeziehung: ______________________

c. Temperatur der Probe: ______________________

d. Wetterverhältnisse: ______________________

e. Sonstige Daten: ______________________

Fragen (Bearbeitung in 2-er Gruppe)

1. Zu welcher Jahreszeit kann man am besten Einzeller fangen?

____

____

2. Einzeller-Gewässerproben zieht man erst kurz vor der Untersuchung! Warum?

____

____

Wir beobachten sich bewegende Einzeller.

Wir berichten:
Heute wollen wir Einzeller, die sich selbständig im Gewässer bewegen können, beobachten und zeichnen.
Vor der Untersuchung berichten einige Schüler und Schülerinnen über ihre Fundstellen und stellen der Klasse ihre Gewässerproben vor.

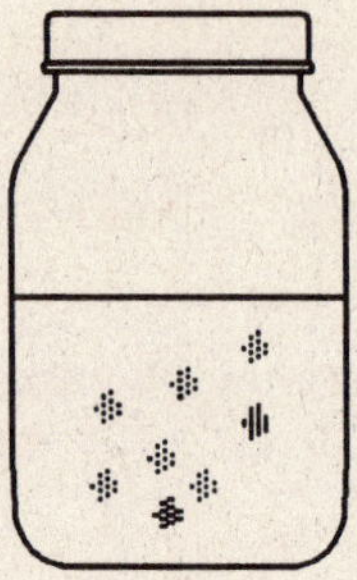

Wir wollen unsere Gewässerprobe makroskopisch und mikroskopisch auswerten

Arbeitsmaterialien :
Je Arbeitsgruppe (2 Schüler)

Eigene Gewässerprobe in verschlossenem Glas
Löschblatt oder Filterpapier

Pasteurpipette
Objektträger
Lupe

Mikroskop
Deckglas
Kursheft: Umschlagseiten innen

Notierung eigener Probedaten
1. Datum der Probeziehung: ______________ ; Datum der Untersuchung: ______________

Makroskopische Auswertung

1. **Aufgabe**: Betrachte deine Wasserprobe! Was stellst du fest? Notiere!
   Meine Beobachtungen:

   ____

2. **Aufgabe**: Beobachte mit der Lupe! Was stellst du fest? Notiere!
   Meine Beobachtungen:

   ____

   ____

Gemeinsame Auswertung:

____

____

____

Wir diskutieren:
Wie könnte man bewirken, daß die lebenden, sich bewegenden Einzeller unter dem Mikroskop ihre Bewegung einstellen, damit man sie dann besser beobachten kann?

Aufgabe: 1. Stellt zuerst mit Hilfe der Arbeitsanweisung ein Deckglas-Flüssigpräparat nach dem Absaugverfahren her!

Deckglas-Flüssigpräparat-Herstellung nach dem Absaugverfahren

A. Entnahme der Gewässerprobe

1. Entnehmt mit einer Pasteurpipette einen Gewässertropfen!
2. Setzt den Tropfen mitten auf den Objektträger!
3. Setzt ein Deckglas hochkant seitlich des Tropfens auf und laßt es über den Tropfen fallen!
   Achtung!
   Das Deckglas soll nicht auf dem Gewässertropfen "schwimmen"!

B. Festlegen der Einzeller

1. Setzt einen Filterpapierstreifen seitlich an eine Deckglasseite an, um überschüssiges Wasser abzusaugen!
   Achtung!
   Nicht zuviel Wasser absaugen, sonst werden Einzeller zerquetscht!

C. Mikroskopierung oder Präparat-Neuerstellung

1. Mikroskopiert das Präparat!
2. Wenn kein gut beobachtbares Objekt vorhanden ist, so fertigt ein neues Präparat an!

Mikroskopische Auswertung

Aufgabe:
1. Stellt am Mikroskop die kleinste Vergrößerung ein!
2. Sucht dann das Präparat *systematisch* nach Einzellern ab!
3. Wählt einen Einzeller aus! Wählt die ideale Vergrößerung!
4. Fertigt von dem Einzeller eine Skizze an, vergleicht dazu Einzeller-Abbildungen auf den Umschlag-Innenseiten eures Kursbuches! Notiert eure Beobachtungen!

Skizze *eines* Einzellers

Beobachtung und Beschreibung eines Einzellers

Form:

Bewegungsapparat

Innere Bestandteile des Einzellers:

Name des Einzellers:

Gemeinsame Auswertung:

Wir fangen und beobachten sessile Einzeller.

Wir führen ein Unterrichtsgespräch.

Wo kann man Einzeller (Protozoen) finden?
Wo sind in eurer Nähe (Schule, Umgebung) solche Fundorte?
Überlegt, wie man die Einzeller fangen kann!
Zu welcher Jahreszeit sollte man diesen Versuch durchführen?

Wir fangen und mikroskopieren Einzeller.

Arbeitsmaterialien für den Fangobjektträger:

Je Arbeitsgruppe (2 Schüler)
2 Objektträger

Selbst mitzubringen:
2 Kunststoff-Wäscheklammern mit Ösen
1 Wollfaden
1 Tempotuch

Fangmethode für sessile Einzeller

A. Bau 1. Nehmt zwei saubere Objektträger und legt sie *genau* übereinander! 2. An den Enden werden die beiden Objektträger mit zwei Wäscheklammern zusammengeklemmt. 3. Zieht durch die Öse einer Wäscheklammer einen Bindfaden und verknotet ihn! 4. Der Fangobjektträger ist jetzt fertig: Auf den beiden Außenflächen sollen sich Einzeller festsetzen.	
B. Auslegen 1. Der Fangobjektträger wird so in einem Gewässer (Teich, Schulaquarium) aufgehängt, daß er frei im Wasser baumeln kann, z.B. an einem über dem Wasser hängenden Ast. 2. *Ein Tip zur Fangstelle:* Sucht euch besonders trübe Wasserstellen, z.B. Teichränder oder Regenpfützen, aus. Dort verbleibt der Fangobjektträger *eine Woche.* 3. Zum Transport in die Schule steckt ihn in ein verschlossenes Glas mit Wasser.	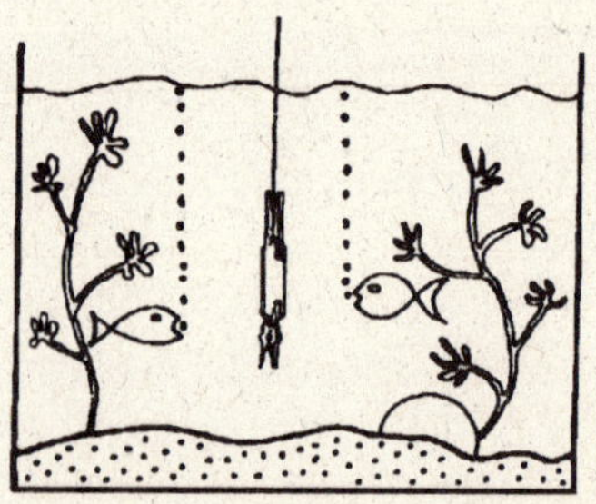
C. Mikroskopieren 1. Löst die Wäscheklammer und klappt die beiden Objektträger auseinander! 2. Reinigt mit einem Tuch die Objektträger (Innenseiten)! 3. Mikroskopiert - ohne Deckglas !	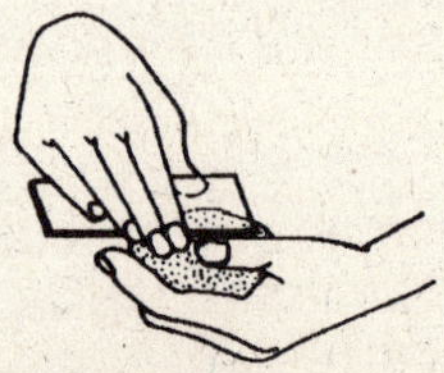

Auswertung des Fangobjektträgers (eine Woche später)

Aufgabe:

1. Wiederholt mündlich, was ihr vor einer Woche gemacht habt.
2. Berichtet über eure Fundstelle.
3. Säubert die Innenseiten (nicht "Einzeller-Seite"!) der Objektträger.
4. Betrachtet zuerst mit dem bloßen Auge, anschließend mit dem Mikroskop (wählt eine Vergrößerung, um einen Einzeller gut beobachten zu können).
5. Vergleicht euer Bild mit Einzellerabbildungen der Kursbuch-Innenseiten.

Arbeitsmaterialien :

Fangobjektträger (zu Transportzwecken in einem verschlossenen Wasserglas)

Tempotuch
Lupe

Mikroskop
Okular

I. Makroskopische Auswertung

Der Fangobjektträger unter der Lupe

:

Meine Beobachtungen

II. Mikroskopische Auswertung

Der Fangobjektträger unter dem Mikroskop

:

Meine Einzeller-Beobachtungen

Gemeinsame Auswertung:

Fragen (Bearbeitung in 2-er Gruppe):

1. Seit wann gibt es auf der Erde Einzeller (siehe auch S. 7)?
2. Wovon ernähren sich die Einzeller?
3. Wie vermehren sich die Einzeller? (Hilfsmittel: das Biologiebuch)

Wir erwecken Urtierchen zum Leben!

Zu eurer Information

Ihr wißt ja bereits, daß Einzeller aus einer Zelle bestehen, es pflanzliche und tierische Einzeller gibt und daß ihr Lebensraum oft das Wasser ist.
Stellt euch nun einmal vor, daß das Gewässer, in dem die Einzeller leben, austrocknet. Was passiert mit den Einzellern? Sterben sie nun auch?
Nun, die Antwort ist: Die tierischen Einzeller (Urtierchen) verkapseln sich bei Trockenheit in einer Hülle aus erhärtetem Schleim und nehmen eine kugelige Gestalt an. Diese nennt man Zyste.
Zysten sind vollkommen bewegungsunfähig, werden aber durch den Wind überallhin verbreitet. Oft haften Zysten an Gräsern der Uferböschung. Die Urtierchen in Zystenform sind aber nur scheinbar tot. Gelangt eine Zyste wieder in ein Gewässer, so schlüpft der Körper wieder aus der festen Schutzhülle und das Urtierchen lebt wieder.

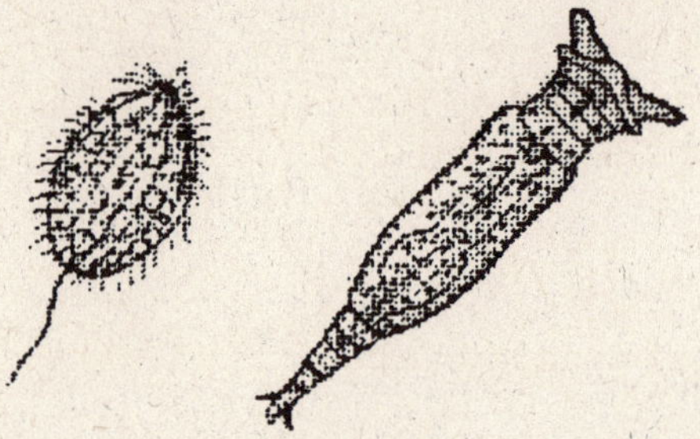

Wir setzen einen Heuaufguß an und beobachten die Entwicklung der Einzeller.

Aufgabe: Überlegt, wie man einen Heuaufguß herstellt und welchen Zweck er hat.

Herstellung eines Heuaufgusses

Arbeitsmaterialien (ein Heuaufguß für die ganze Klasse):

Einmachglas (ca. 0,5l)	Glasdeckel	etwas Heu
Plastiktüte	Leitungswasser	Waage

Arbeitsanweisung:

A. Heu und Wasserbesorgung 1. Besorgt euch etwas Heu (am besten von *Ufergräsern* eines Gewässers). 2. Transportiert das Heu in einem Plastikbeutel.	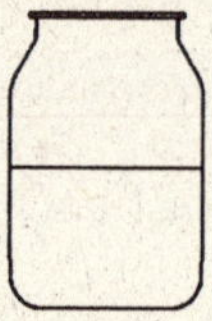 ¼ Liter Leitungswasser
B. Ansetzen des Heuaufgusses 1. Wiegt zu Hause oder in der Schule ca. 2 g Heu ab. 2. Gebt die abgewogene Menge in das Glas. 3. *Füllt* das Glas mit *Leitungswasser 3/4 voll auf.*	 2 g Heu
C. Lagerung des Heuaufgusses 1. Zur Geruchsvermeidung deckt das Glas mit einem Deckel ab. 2. Bewahrt den Heuaufguß bei Zimmertemperatur auf. 3. Wählt einen Aufbewahrungsplatz ohne direkte Sonneneinstrahlung.	

Wir beobachten die Lebewesen-Entwicklung im Heuaufguß.

In den nächsten Tagen und Wochen wollen wir die Entwicklung der Lebewesen im Heuaufguß verfolgen. Dazu müssen wir den Heuaufguß in regelmäßigen Abständen mikroskopisch untersuchen.

Mikroskopische Beobachtung

Aufgabe

1. Entnehmt an bestimmten Tagen mit der Pasteurpipette einen Tropfen aus dem Heuaufguß!
2. Fertigt davon ein Deckglasflüssig-Präparat an. Vergrößerung 150x
3. Versucht, Lebewesen mit Hilfe von Abbildungen im Kursbuch - dort auf den Umschlaginnenseiten - zu bestimmen.
4. Führt dabei nachfolgende Tabelle!

Tabelle: Die Lebewesenentwicklung in unserem Heuaufguß

Tag/Woche der Beobachtung	Makroskopische Beobachtung	Welche Lebewesen befinden sich im Heuaufguß?
Nach 3 Tagen		
Nach 5 Tagen		
Nach 14 Tagen (2 Wochen)		
Nach 21 Tagen (3 Wochen)		
Nach 28 Tagen (4 Wochen)		
Nach 35 Tagen (5 Wochen)		

Fragen (Zu bearbeiten in 2-er Gruppe):

1. Welche Lebewesen habt ihr in der sich gebildeten Kahmhaut gefunden?

____

2. Warum dauert es einige Zeit, bis im Heuaufguß Urtierchen auftauchen?

____

____

____

3. In welcher Reihenfolge haben sich welche Lebewesen im Aufguß gebildet?

____

Lebensvorgänge bei Pantoffeltierchen

Zu eurer Information:

Schon drei Wochen nach dem Ansetzen finden wir in unserem Heuaufguß Lebewesen, die der Form nach wie ein Pantoffel aussehen. Die Wissenschaftler haben ihnen deswegen den Namen Pantoffeltierchen gegeben. Heute wollen wir am Beispiel dieser Pantoffeltierchen mikroskopisch untersuchen, über welche Lebensvorgänge einzellige Lebewesen verfügen können.

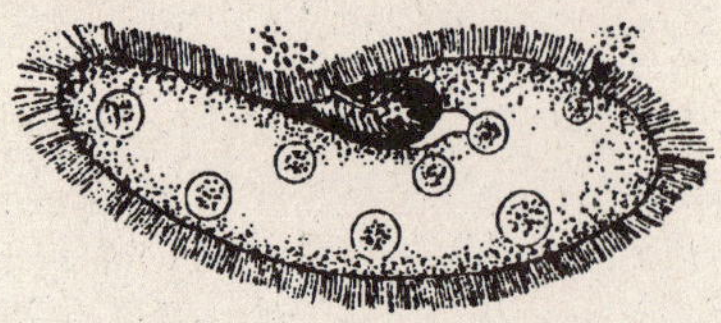

Wir beobachten Lebensvorgänge bei Pantoffeltierchen.

Aufgabe:
1. Nennt Kennzeichen der Lebewesen (Lebensvorgänge)!
2. Welche Lebensvorgänge könnten Pantoffeltierchen besitzen? Vermutet!
3. Überlegt Versuche, um mögliche Lebensvorgänge zu untersuchen!

Aufgabe: Beschriftet den Bauplan des Pantoffeltierchens mit Hilfe eurer Beobachtung und des Biologiebuches!

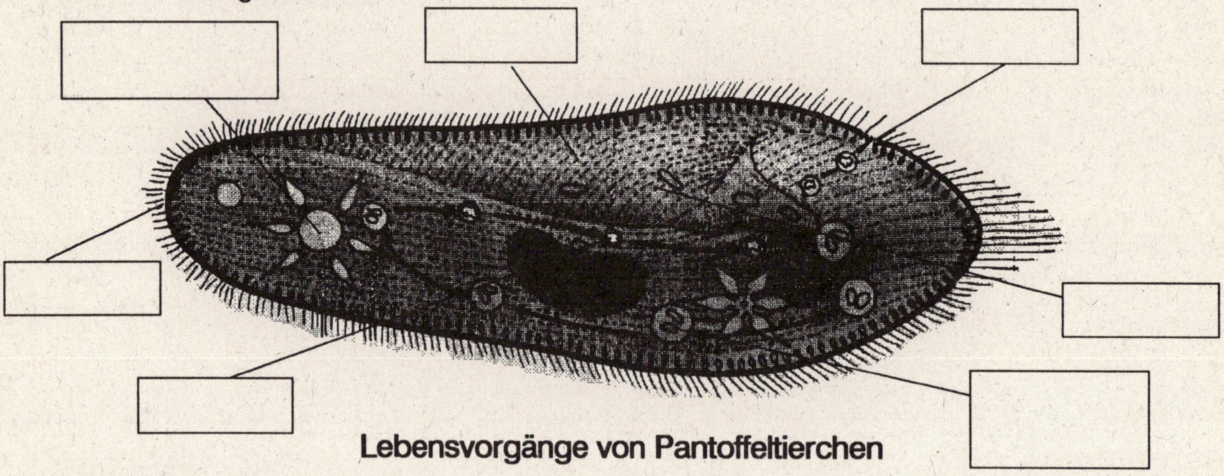

Lebensvorgänge von Pantoffeltierchen

Arbeitsmaterialien:

Je Arbeitsgruppe (2 Schüler)	Selbst mitzubringen	Gemeinsames Material
Mikroskop	Tapetenkleister in Pulverform	Heuaufguß
Objektträger		4 Pipetten
Deckglas		Kaminrot-Lösung
Stativ		

Aufgabe: Fertigt aus dem Heuaufguß ein Deckglas-Flüssigpräparat. Beobachtet Pantoffeltierchen unter dem Mikroskop! Stellt dabei fest, welche Lebensvorgänge sie besitzen. Notiert eure Beobachtung.

A. Untersuchung der Bewegung

1. Versuchsaufgabe:

Beobachtet genau! Beschreibt die Bewegung! Womit geschieht dies?

2. Unsere Beobachtung:

Skizze möglich:

____

____

____

____

B. Untersuchung der Reizempfindlichkeit

1. Versuchsaufgabe:
Stellt fest, ob Pantoffeltierchen in der Lage sind, auf Umweltreize zu reagieren. Studiert die Bewegung! Wie verhalten sie sich, wenn ihnen Hindernisse begegnen? Beschreibt die Reaktion!

2. Unsere Beobachtung:

Skizze möglich:

___

___

C. Untersuchung der Ernährung und Verdauung

1. Information:
Die ständig schnelle Bewegung (vergleichbar müßten Menschen etwa schwimmend 80 m in 10 s zurücklegen) kostet viel Energie. Deshalb müssen Pantoffeltierchen fast ständig Nahrung aufnehmen. Pro Stunde fressen sie etwa 50 000 Bakterien.

2. Versuchsaufgabe:
Beobachtet, wie Pantoffeltierchen Nahrung aufnehmen und ausscheiden. Setzt mit einer Pipette seitlich am Deckglas etwas Kaminrot-Lösung an. Kennzeichnet in der Skizze den Weg der Nahrung.

3. Unsere Beobachtung:

Skizze möglich:

___

___

___

___

___

D. Untersuchung der Vermehrung

1. Information:
Pantoffeltierchen vermehren sich durch einfache Querteilung. Dabei teilt sich der Zellkern. Manchmal legen sich auch zwei Pantoffeltierchen nebeneinander. Dabei tauschen sie Teile ihres Kleinkerns aus. Diesen Vorgang nennt man Konjugation. Konjugation ist keine Vermehrung.

2. Versuchsaufgabe:
Beobachtet Pantoffeltierchen unter größtmögliche Vergrößerung! Vielleicht habt ihr Glück und seht etwas! Siehe auch Umschlagrückseite Abb.1, 2. Reihe!

3. Unsere Beobachtung:

___

___

Gemeinsame Auswertung

___

___

Frage (Zu bearbeiten in 2-er Gruppe):

Überlegt, wie Pantoffeltierchen atmen.

___

Wir stellen im Projektunterricht Joghurt her.

Vorschlag zum Stundenablauf:
Dieses Thema wird als *biologisches Tagesprojekt* (benötigte Zeit: mind. 5 Schulstunden) durchgeführt.
Auf Grund des umfangreichen Materials, der Eichung des pH-Wert-Meters sowie der dringend benötigten Zeit am Versuchstag empfiehlt es sich, Vorbereitung und Organisation am Tag vorher zu erledigen.
Nach der Bebrütung am Herstellungstag wird die dickgelegte Joghurtmilch zur Eiweißquellung in den Kühlschrank gegeben. Erst am Tag danach könnt ihr euren selbstgemachten Joghurt probieren.

Wichtige Vorbereitungen eine Stunde zuvor

Organisatorische Aufgaben:
1. Einteilung der Arbeitsgruppen.
2. Verteilung der Aufgaben innerhalb jeder Gruppe.
3. Besorgung und Säuberung der Arbeitsmaterialien.
4. Jede Gruppe erstellt einen Versuchsaufbau.
5. Eichung des pH-Gerätes.

Wir verteilen die Aufgaben innerhalb der Gruppen.
Jede Gruppe stellt ihren eigenen Joghurt her. Die Gruppe sollte aus etwa fünf Schülern bestehen.
Gemeinsam führen alle Schüler der Versuchsteile A bis C durch.
Danach werden im *Teil D* die speziellen Aufgaben wie folgt verteilt:
Ein Schüler übernimmt die Temperaturüberwachung (siehe Abschnitt: I).
Zwei Schüler kontrollieren die pH-Werte (siehe Abschnitt: II).
Zwei Schüler werten das Experiment mikroskopisch aus (siehe Abschnitt: III).
Nach Beendigung des Experimentes wertet jede Gruppe gemeinsam ihre Meßergebnisse und die Fragestellung aus. Versucht auch, mögliche Fehlerquellen zu entdecken und notiert sie auf einem Notizblatt.

Zu eurer Information:

Joghurt besteht aus Milch. Bei der Joghurtherstellung (Bebrütungstemperatur 36°C) stoffwechseln die der Milch zugegebenen Mikroorganismen Teile des in der Milch vorhandenen Milchzuckers in Milchsäure um.
Dadurch sinkt der pH-Wert der Milch: Ab ca. pH 5,2 fällt das Milcheiweiß aus, die Milch wird dick. Dies passiert deshalb, weil die ursprünglich negativ geladenen Eiweißteilchen z.T. durch die Milchsäure in positiv geladene Teilchen umgewandelt werden. Positiv und negativ geladene Eiweißteilchen bilden "Ketten" (tanzen quasi immer enger "Ringelreigen") und drücken das Milchwasser heraus. - Damit der Joghurt nicht zu sauer wird, stoppt man den Stoffwechsel der Mikroorganismen ab pH 4,7 sofort durch Kühlung auf etwa 4°C.

Wir stellen Joghurt her.

Aufgabe: Wir wollen heute selbst Joghurt herstellen! Überlegt, wie das geht!

Arbeitsmaterialien :

<u>Je Arbeitsgruppe (5 Schüler)</u>

1 Becherglas (ca. 2 l)
1 Topf (ca. 2 l)
1 Heizgerät
1 l H-Milch (Vollmilch)
1x 10 g-Packung Gelatine, Blattgelatine weiß
1 Becher Joghurt *ohne* Frucht *nicht* wärmebehandelt
1 Glasstab
Thermometer
Deckglas
Impföse
Stativ Mikrobiologie
Spiritusbrenner
Mikroskop
1 Stativ
2 Stativmuffen
2 Stativklemmen

<u>Gemeinsames Material</u>

pH-Pufferlösungen
pH-Meßgerät
Spritzflasche
Becherglas mit Wasser
Waage
Löffel
Rührstab
Brutschrank
Kühlschrank
Feuerzeug
Konfitüre
Alufolie
Dia: Joghurtherstellung
Versuchsaufbau aus Experimentierbox

Wir produzieren Joghurt

A. Vorboroitung

1. Spült das Becherglas mit kochendheißem Wasser aus.
2. Füllt die ultrahocherhitzte Milch (1l) ein.
3. Stellt den Topf mit heißem Wasser auf das Heizgerät.
4. Stellt das Becherglas mit Milch in das warme Wasserbad.
5. Erwärmt die Milch auf ca. 36°C, prüft mit dem Thermometer.
6. Meßt den pH-Wert. Notiert!

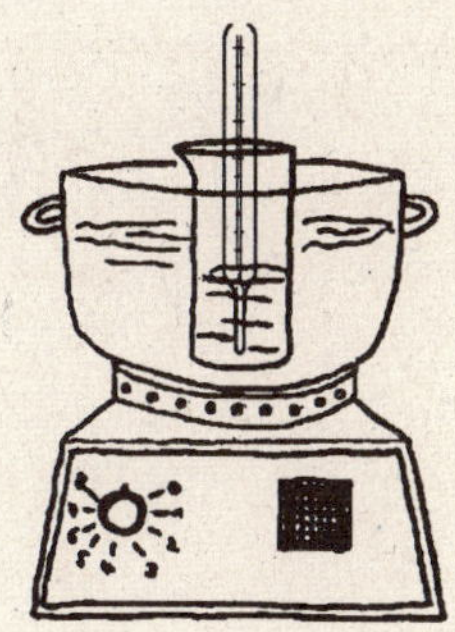

B. Beimpfung

1. Rührt euren Joghurt mit dem Löffel sehr gut durch!
2. Gebt den flüssigen Joghurt in die angewärmte Milch, rührt *gut* durch! Fügt etwa 10% Joghurt zu der Milch.

C. Zubereitung und Zugabe der Gelatine

1. Wiegt etwa 10 g Gelatine ab.
2. Gebt diese Menge in ein kleines Becherglas mit ca. 30 ml ca. 80°C heißem Wasser, *rührt gut* ein!
3. Gebt die verflüssigte Gelatine in die beimpfte Milch!
4. Rührt gut durch! Deckt mit der Alufolie ab.

D. Arbeitsteilige Aufgaben

1. Ab nun übernimmt jeder Schüler der Gruppe seine spezielle Aufgabe.

Aufgaben während des Versuchs

I. Temperatur-Überwachung

Ein Schüler überwacht durch fortwährende Temperaturmessungen mittels eines Thermometers die Bebrütungstemperatur von 36°C. Die Temperaturregulierung erfolgt über den Temperaturregler am Heizgerät.
Temperaturschwankungen im Bereich 30°C - 40°C sind ohne größere Bedeutung, sollten aber schnell reguliert werden.
Frage:
Warum ist die Einhaltung der Bebrütungstemperatur sehr wichtig?

____

____

____

II. pH-Wert-Überwachung

Zwei Schüler messen - siehe untenstehende Tabelle - die pH-Werte und tragen die Werte nach den jeweiligen Meßzeiten in die Skala ein. Gleichzeitig schreiben sie ihre Beobachtungen bei den jeweiligen Messungen in die Beobachtungsspalten.

Messung	Wann	pH-Wert	Unsere Beobachtungen
1.	Milch normal *ohne* Joghurtzusatz		
2.	zugegebener Joghurt (Reinkultur)		
3.	Milch *sofort nach* Joghurtzusatz		
4.	nach 30 min.		
5.	nach 60 min.		
6.	nach 90 min.		
7.	nach 120 min.		
8.	nach 150 min.		
9.	nach 180 min.		
10.	nach 210 min.		

Beachtet:
1. *Ab* pH-Wert *5,2* nur sehr vorsichtig messen! Nicht mehr rühren!!
2. *Ab* pH-Wert *4,7* die Bebrütung sofort unterbrechen und die Joghurtmilch vorsichtig zum Kühlschrank bringen. Mit Alufolie das Becherglas abdecken und das Becherglas mit der Joghurtmilch im Kühlschrank bis zum Verzehr lagern.

III. MIKROSKOPISCHE ÜBERWACHUNG

Zwei Schüler fertigen und zeichnen (Vergrößerung ca. 600 x) je ein Deckglas-Flüssigpräparat von:

a. dem zugeführten JOGHURT (Reinkultur)

b. der bebrüteten Joghurtmilch (nach ca. 1 bis 2 Stunden, notiert den dazugehörigen pH-Wert), evtl. noch ein Färbepräparat.

Vom fertigen Joghurt könnt ihr vor dem Einmixen von Konfitüre in der nächsten Stunde ein Deckglas-Flüssigpräparat erstellen.

Mikroskopische Auswertung von:

Zugegebenem Joghurt (Reinkultur)	Joghurtmilch bei pH:	Unserem fertigen Joghurt

Gemeinsame Auswertung:

IV. Graphische Auswertung

Aufgabe: 1. Beschriftet das Diagramm! 2. Tragt eure Meßwerte ein ! 3. Verbindet die Meßpunkte! 4. Löst die Fragen!

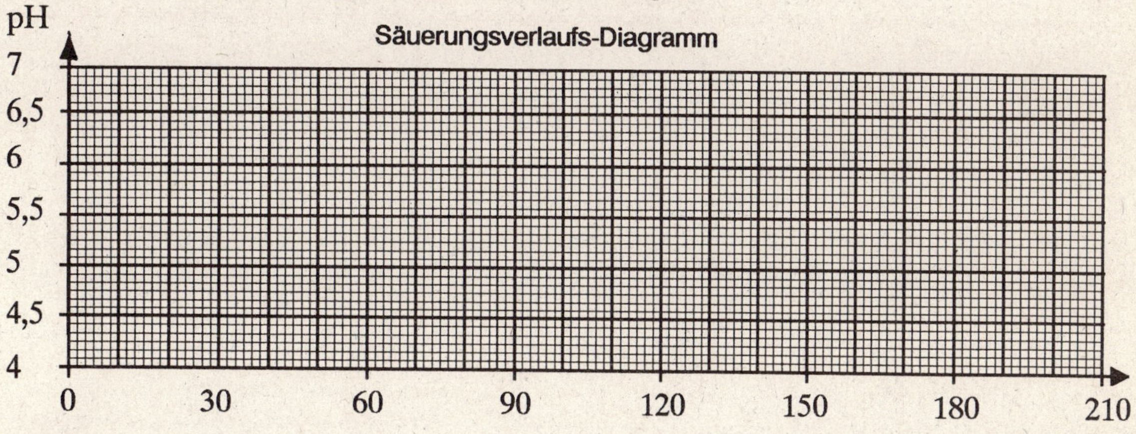

Fragen

1. Stellt eine chemische Wortgleichung für die Joghurtreaktion auf!

2. Diskutiert und wertet das Säuerungsverlaufs-Diagramm aus:
   a. Deutet den pH-Wertabfall während der Bebrütung!

   b. Warum fällt die pH-Wertkurve im Diagramm auf einmal steil ab?

   c. Warum verläuft die pH-Wertkurve ab pH 5,0 nicht mehr so extrem?

Aussehen von
Bakterien, Hefepilzen und Schimmelpilzen

I. Bakterien

Form von Bakterien:

A. Kugel-Bakterien = Kokken

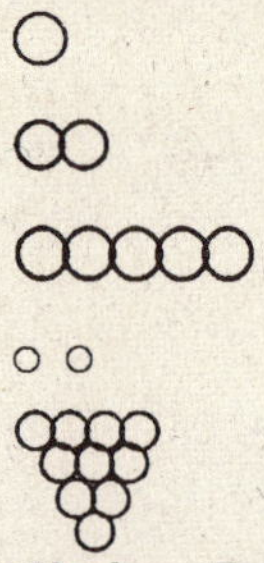

Monokokken

Diplokokken

Streptokokken

Mikrokokken

Staphylokokken

B. Stäbchen-Bakterien

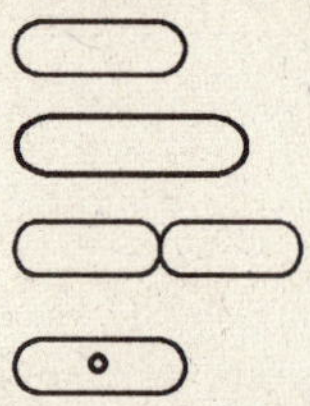

Kurzstäbchen

Langstäbchen

Stäbchenketten

Bazille
(Überdauerungsform
eines Stäbchens)

C. Gebogene Bakterien

Spirillen

Spirochäten

Vibrionen

Merkmale:

Kein echter Zellkern
d.h.: Es fehlen Nukleolen und begrenzende Membran

Vermehrung durch Querteilung

Einige Arten beweglich

Beweglichkeit von Bakterien:

kommt durch rhythmische Bewegungen einer oder mehrerer Geißeln zustande;

Bau eines Bakteriums

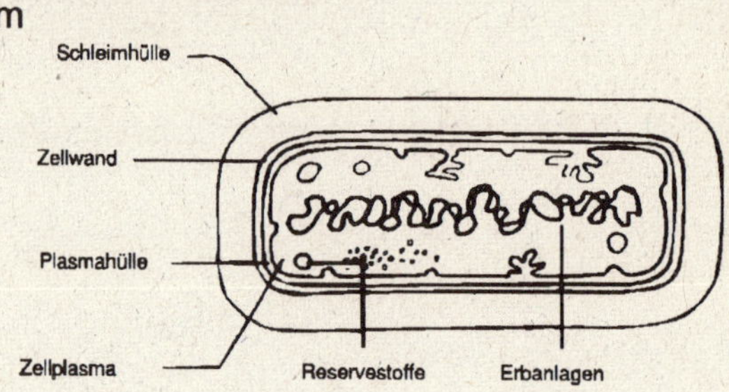

II. Hefepilze

haben echten Zellkern,
einzelliges Vorkommen.
Die meisten Hefen haben innerhalb der ellipsoiden/kugeligen Zelle eine einzige zentrale, große Vakuole. Vermehrung geschieht durch Sprossung (Wachstum aus der Mutterzelle bis Abtrennung als Tochterzelle) oder durch Ascosporen.

III. Schimmelpilze

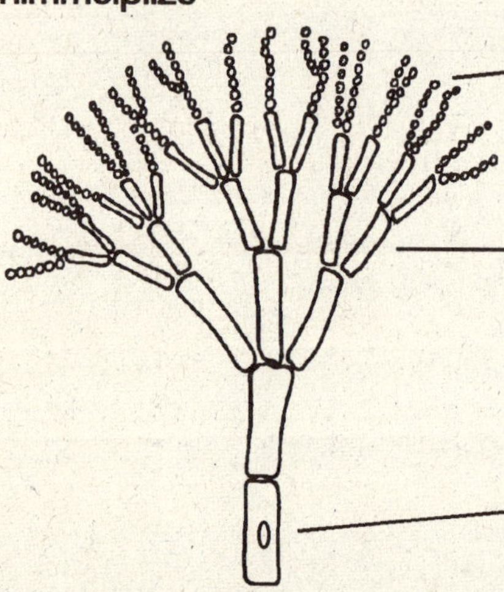

Fortpflanzung über Konidosporen, die vom Winde verweht werden

Pilzfäden (Hyphen)
Gesamtheit der Hyphen: Mycel

haben echten Zellkern

Unterschiede von Bakterien, Hefepilzen und Schimmelpilzen

	Gestalt	Fähigkeiten/Lebensweise	Ernährung	Vermehrung	Vorkommen
BAKTERIEN	Kern ist ungenau begrenzt Keine Vakuole, Zellwand: Form: Kokken Stäbchen gebogene Bakterien Alle einzellig	aerob- teils anaerobe Lebensweise teils photosynthesierend Beweglichkeit teils durch Geißeln teils Sporenbildung (Dauerüberlebensform) = sog. Bazille Bazille (Stäbchen mit Spore)	autotroph heterotroph parasitär	Querteilung	Boden Süß- und Salzwasser Luft In Lebewesen: z.B. Mensch Tier
HEFEPILZE	Kern ist genau begrenzt, Vakuole(Saftraum), Fettkügelchen im Protoplasma, Zellwand; Form: eiförmig Alle einzellig	können Zucker zu Alkohol und CO_2 vergären keine Photosynthese bewegungslos	heterotroph parasitär	Sprossung: Tochterzelle bildet sich durch Wölbung	Boden Süß-und Salzwasser
SCHIMMELPILZE	Wachsen fadenförmig (Fachausdruck:Hyphen) alle H. bilden das Myzel Form: s.Abb. Alle vielzellig	keine Photosynthese sind aerob, saprophytisch	heterotroph parasitär	Sporen (Konidien)	Boden Süß-und Salzwasser

Merkmalstabelle von Bakterien-Kolonien

Kennzeichen	Bakterien und ihre Eigenschaften	Vorkommen
rote Kolonien	Serratia kurze Stäbchen, beweglich Eiweißzersetzer, Schmutz- und Fäulnismikrobe	Wasser, Boden Nahrungsmittel
weiße/ gelbe Kolonien	Proteus kurze Stäbchen, beweglich Eiweißzersetzer, Indiz für starke Verschmutzung	Wasser, Boden Nahrungsmittel Fäkalkeim
grüne/ blaue violette gelbe Kolonien	Pseudomonas gerade Stäbchen, aerobes Wachstum, beweglich, Fett-, Eiweißzersetzer teils pathogen (Eiterreger) psychrophil, nicht photosynthesierend	Boden Nahrungsmittel Süß- und Salzwasser
weiße/ gelbe/ orange/ rote Kolonien	Micrococcus Kokken; unregelmäßige, unbewegliche Haufenform; grampositiv, saprophytische Lebensweise Eiweiß-, Fettabbauer	Wasser, Boden Nahrungsmittel (Käse)
weiße/ goldgelbe Kolonien	Staphylococcus aureus kugelige Kokken in Traubenform, aerobe Lebensweise, verursacht eitrige Entzündungen, Parasit	Luft, Haut Schleimhaut Nahrungsmittel
graue weißliche Kolonien	Streptococcaceae Diplokokken, unbeweglich parasitisch oder saprophytisch Diplococcus pneumoniae = Erreger der Lungenentzündung Streptococcus lactis = Kokken > produzieren aus Milchzucker Milchsäure Lactobazillus thermophilus = Stäbchen	Mund, Atemwege Darmtrakt Milch Joghurt, Käse
große graue Kolonien	Escherichia coli Stäbchen, beweglich, aerobes Wachstum, fakultativ anaerob, bilden Säuren und Gase aus Kohlenhydraten Endprodukte CO_2 und H_2 im Verhältnis 1:1	Darmbewohner bei Mensch/Tier Nahrungsmittel

DIE GESCHICHTE DER MIKROBIOLOGIE

Schon vor 2.000 Jahren vermutete man, daß Pflanzen und Tiere aus ähnlichen Grundbausteinen zusammengesetzt sind. Beweisen konnte man diese Vermutung aber noch nicht, denn das Mikroskop war noch nicht erfunden. Erst vor 400 Jahren, um 1590, bauten in Holland Hans und Zacharias Janssen (Vater und Sohn) das erste Mikroskop. Damit erhielt die Geschichte der Mikrobiologie ihren Anfang. Heute wollen wir auf die Geschichte der Mikrobiologie näher eingehen.

Aufgabe: Lies dazu die Texte, fülle die Tabelle aus und versuche, die Fragen zu beantworten.

Antoni van Leeuwenhoek

wurde 1632 geboren und starb 1723. Als reicher Kaufmann lebte er im holländischen Delft. Er war Begründer der Mikroskopie. Leeuwenhoek baute Mikroskope, mit denen er schon eine 270-fache Vergrößerung erreichte. Leeuwenhoek ließ seine Entdeckung (rote Blutkörperchen, Bakterien und Einzeller) von einem Zeichner festhalten.

Matthias Schleiden

lebte von 1804 bis 1881. Als Professor für Botanik an der Universität in Jena beschäftigte er sich intensiv mit der Pflanzenkunde. Durch seine Pflanzenbiologischen Studien erkannte er, daß die Pflanze in allen ihren Teilen (Wurzel, Sproß, Blatt, Blüte) aus Zellen aufgebaut ist.

Theodor Schwann

wurde 1810 geboren und starb 1882. Er war Professor für Zoologie an den Universitäten Löwen und Lüttich. Bei seinen Forschungen über die Anatomie und Physiologie der Tiere und der Menschen entdeckte er, daß die Grundeinheit jedes Organismusses die Zelle sei. Nach ihm wurde eine Zelle des Nervensystems benannt, die Schwannsche Scheide.

Ernst Abbé

lebte von 1840 bis 1905. Als Professor für Mathematik und Physik unterrichtete er an der Universität in Jena. Er schuf die mathematisch-physikalischen Berechnungen zur Entwicklung leistungsstärkerer Mikroskope. Dabei erkannte er, das die Vergrößerungsleistung mit Lichtmikroskopen nicht weiter überschritten werden darf. Zusammen mit dem Universitätsmechaniker Carl Zeiss baute er Mikroskope mit 1500-facher Vergrößerung.

Louis Pasteur

lebte von 1822 bis 1895. An verschiedenen Universitäten in Frankreich war Pasteur Professor für Chemie und Physik. Er widerlegte die damalige Auffassung, daß Lebewesen aus nichtlebenden Stoffen entstehen können. Denn er entdeckte, daß auch Bakterien aus Keimen hervorgehen. Das Abtöten von Bakterien und ihren Keimen durch Hitzeeinwirkungen wurde nach ihm benannt (Pasteurisieren).

Robert Koch
lebte von 1843 bis 1910. Als Arzt und Bakteriologe gelang ihm der Nachweis, daß Bakterien die Erreger vieler Infektionskrankheiten sind. Seine Experimentiermethoden sind heute noch die Grundlagen der modernen experimentellen Mikrobiologie. Für die Entdeckung des Tuberkulose-Erregers wurde er mit dem Nobelpreis der Medizin ausgezeichnet.

Alexander Fleming
lebte von 1881 bis 1955. Er war Professor für Bakteriologie in London. 1928 machte er die Beobachtung, daß Bakterienkolonien durch ein Stoffwechselprodukt des Pilzes Penicillum notatum abgetötet und in ihrer Vermehrung behindert werden. Dadurch wurde er zum Entdecker des Penicillins. Seit dieser Entdeckung gibt es für bakterielle Infektionskrankheiten eine Heilungschance.
1945 wurde A.Fleming für seine Entdeckung der Nobelpreis verliehen.

Forscher	Forschungsgebiet	Entdeckungen
Lebensdaten		

Fragen: (Zu lösen im Unterrichtsgespräch)

1. Was bedeutet der Begriff "Pasteurisieren"?

___

2. Gib Beispiele für die Anwendung der "Pasteurisation"!

___

3. Was bedeutet die Entdeckung des Penicillins für die Menschheit?

___

MEIN MIKROBIOLOGISCHES LEXIKON

Auf diesen beiden Seiten könnt ihr Fachbegriffe, die im Unterricht behandelt werden, notieren.

Aerobier:

Alkoholische Gärung:

Amöben:

Anaerobier:

Antibiotikum:

Bakterien:

Bakterienkolonie:

Bebrüten:

Beimpfen:

Bewegungsorganellen von Einzellern:

Chloroplasten:

Desinfektionsmittel:

Destilliertes Wasser:

Fakultativ Aerobier/Anaerobier:

Färbecüvette:

Gelatine:

Gonorrhoe:

Hefepilz:

Hygiene:

Hyphen:

Infektionswege:

Karies:

Keime:

Kokken:

Konidosporen:

Makroskopisch:

Milchsäurebakterien:

Mikroskopisch:

Mikrotom:

Mundschleimhaut:

Murein:

Mycel:

Nährboden:

Ökologie:

Ökosystem:

Parasitär:

Parodontose:

Pathogen:

Plankton:

pH-Wert:

Reinkultur:

Rohkultur:

Reverflüssigen:

Saprophyten:

Schimmelpilz:

Sessile Lebensweise:

Spirillen:

Spirochaeten:

Steril:

Sterilisieren:

Sterilisationsschrank:

Syphilis:

Überimpfen:

Vakuole:

Viren:

Zellkern:

Zellmembran:

Zellplasma:

Zellwand:

Die Mikrobi

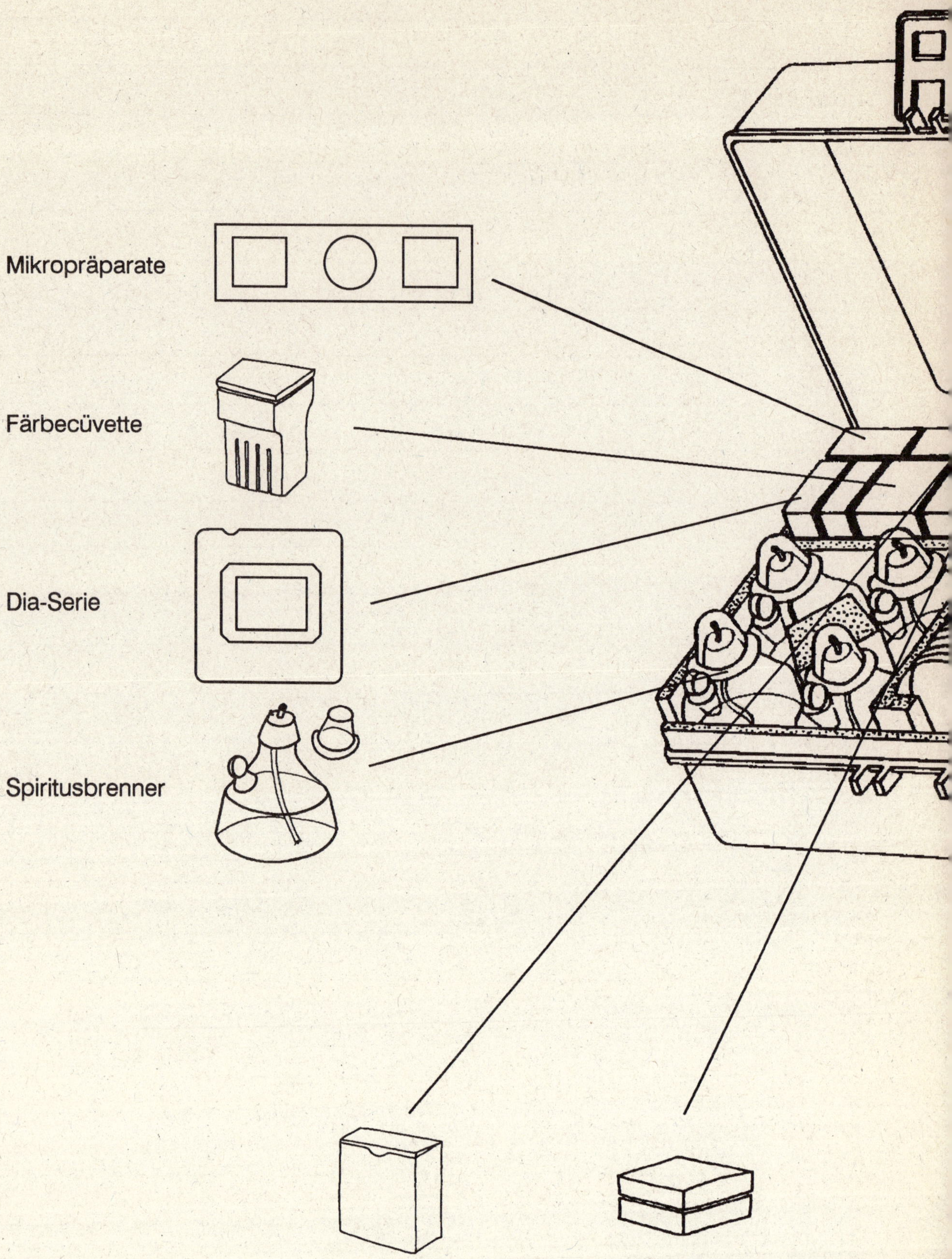

Mikropräparate
Färbecüvette
Dia-Serie
Spiritusbrenner
Objektträger
Deckgläser

ogie – Box

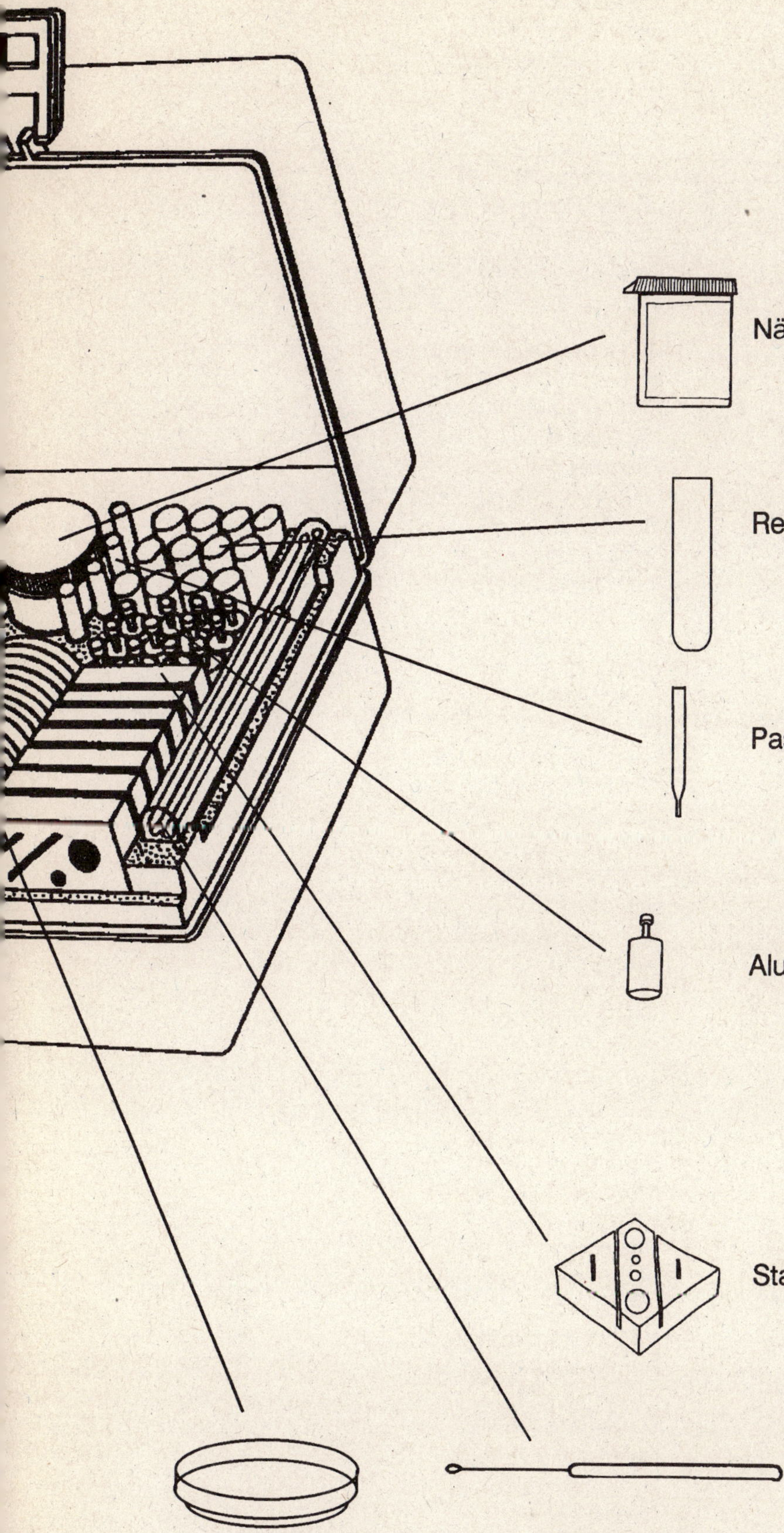
Nährboden für Mikroorganismen
Reagenzglas ohne Bördelrand
Pasteurpipette
Alukappen für Reagenzglas
Stativ für die Mikrobiologie
Petrischale
Kollehalter mit
Impföse

Register